정통 화학 I

정통 화학 I

발행일   2022년 7월 29일

지은이   한국과학교과서연구회
펴낸이   손형국
펴낸곳   (주)북랩
편집인   선일영   편집   정두철, 배진용, 김현아, 박준, 장하영
디자인   이현수, 김민하, 김영주, 안유경   제작   박기성, 황동현, 구성우, 권태련
마케팅   김회란, 박진관
출판등록 2004. 12. 1(제2012-000051호.)
주소   서울특별시 금천구 가산디지털 1로 168, 우림라이온스밸리 B동 B113~114호, C동 B101호
홈페이지 www.book.co.kr
전화번호 (02)2026-5777   팩스   (02)2026-5747

ISBN   979-11-6836-403-5 53430 (종이책)   979-11-6836-404-2 55430 (전자책)

(주)북랩 성공출판의 파트너

북랩 홈페이지와 패밀리 사이트에서 다양한 출판 솔루션을 만나 보세요!

홈페이지 book.co.kr   •   **블로그** blog.naver.com/essaybook   •   **출판문의** book@book.co.kr

작가 연락처 문의 ▸ ask.book.co.kr

작가 연락처는 개인정보이므로 북랩에서 알려드릴 수 없습니다.

그림과 실례로 이해를 돕는

정통화학

한국과학교과서연구회

I

내신 수능
한번에
다 잡는다

화학 내공
기초부터
개념 세우기

정확한
화학 원리
이해

북랩

서문

한국은 지난 50년 동안 서구 열강과 비교하여 비교적 단기간에 산업화에 성공하여 세계 10대 교역국이 되었으며, GNP가 35,000불에 달하여 선진국으로의 진입 요건을 갖추게 되었다. 또한 여러 과학 분야에서 기술 강국으로 도약하여 몇몇 분야에서는 세계를 선도하고 있으며, 그리고 얼마 전에는 누리호의 성공으로 기술 강국으로의 면모를 갖추게 되었다.

이와 같은 산업화의 눈부신 발전에도 불구하고, 본인은 지난 30여 년간 공과대학 전자재료공학과에서 학생들을 가르치면서, 대학에 검증을 거쳐 입학한 학생들이 물리, 화학의 기초개념 및 기본원리를 정확하게 이해하지 못하고 있음을 알 수 있게 되었다. 그리고 얼마 전 반도체 소재 파동이나, 고속열차 탈선 사고, 나로호 발사의 실패 등을 겪으면서, 이 모든 것이 기초 학문의 낙후성에 기인한다는 것을 알게 되었다.

또한 한국은 스포츠, 영화, 예술 등 여러 방면에서 세계에 두각을 나타내고 있음에도, 왜 오직 노벨 과학상만은 받지 못하는 것일까 자문하였다. 그 이유는 〈과학교육의 후진성〉으로 귀결되었다. 즉 과학의 기초개념과 기본원리를 제때 정확하게 이해하지 못했거나, 과학적 영감을 주는 과학 교과서로 배우지 못했기 때문으로 본인은 판단하였다.

따라서 본인은 〈한국과학교과서연구회〉를 만들어 과학 교과서의 선진화에 일조하기로 하였다. 즉 과학의 기초개념과 기본원리를 정확하게 논리적으로 자세히 설명하고, 그 과학의 원리가 만들어진 배경과 과정을 이해시켜 학생들에게 과학적 영감을 주는 것이 그 목적이다. 그 계획의 하나로 고등학교 과정의

〈정통화학 I〉을 만들게 되었다.

　이 책은 화학의 개념 및 원리를 많은 예시를 통하여 이해를 돕고자 하였다. 또한 기본원리를 자세히 설명함으로써 〈혼자서도 읽으면, 자연스럽게 이해되고 개념이 기억〉될 수 있게 하였다. 다시 말하여 개념과 원리 이해의 혼동으로 발생하는 수능 평가 또는 내신 평가에서의 범실을 막도록 하였다.

　이 책은 현재의 고등학교 교과과정에 맞추어 각종 평가에 대비할 수 있게 하였고, 예제를 통하여 기본 개념을 습득하게 하였다. 따라서 이 예제는 필히 잘 이해해야 하며, 내신 개념 문제는 본문의 내용을 이해하였는가를 체크하는 길잡이이므로 답을 꼭 〈글〉로 써보아야 도움이 될 것이다. 모든 답은 본문 중에 고딕체로 쓰인 부분에 나와 있으므로 따로 제시하지는 않았다. 또한 선택형 수능 예상문제도 수록하였으니 도움이 되길 바란다.

　여기서 교육관계자와 교육평가 담당자에게 제안하건대 과학탐구 수능문제 중에는 너무 난해하고 복잡한 문제가 많고, 한 문제에 여러 개념을 동시에 묻는 것은 혼란을 초래할 뿐이며 과학교육의 본질에 어긋난다. 또한 이에 따라 과탐 수능등급이 잘 나오지 않기 때문에, 이과 지망 수험생이 화학1, 2의 선택을 꺼리는 일이 생기는 것은 국가의 미래 과학발전에 저해가 되므로 반드시 시정되어야 할 것이다.

　끝으로 이 책이 나오기까지 격려와 조언을 아끼지 않은 신세희 교수, 이정무 대표, 김성규 박사에게 고마움을 전한다.

　나아가서 이 책을 읽은 분들이 과학적 영감을 얻게 되어, 우리 모두의 숙원인 선진국으로 비상하고, 노벨과학상 수상자가 머지않은 장래에 한국에서 나오기를 바라는 마음으로 서문을 마치며, 수험생 여러분의 건승을 빈다.

2022년 7월 18일

한국교과서연구회 회장
이문희

차 례

제1장

1 화학의
시작

I-1 화학과 우리 생활

    우리는 왜 화학을 배우는가? 그 이유는 무수히 많지만 몇 가지 예를 들어보자. 의식하지 못할 수도 있지만, 화학은 우리 주변에서 발생하는 많은 질문에 답을 해줄 수 있다. 옷에 기름때가 묻었을 때, 찬물 또는 뜨거운 물 중 어느 것으로 빨아야 할까? 화학은 사과를 자른 후에 공기 중에 두면 왜 갈색으로 변하는지를 설명해 줄 수 있다. 그리고 물이 얼면 왜 부피가 증가하는지, 설탕은 왜 찬물보다 더운물에 더 빨리 녹는지, 그리고 효모는 어떻게 빵 반죽을 부풀게 하는지도 설명해 준다. 이와 같이 화학은 자연 현상을 설명해 주기도 하고, 우리의 의식주 생활을 윤택하게 해준다.

    화학의 발전은 여러 분야에 걸쳐 인류에게 큰 공헌을 해왔다. 즉 〈식량〉 문제의 해결, 〈의류〉 문제의 해결, 〈주거〉 문제의 해결에 결정적인 도움을 주었다. 또한 화학의 발전은 인류의 생존에 필요한 〈에너지〉 문제를 해결하였고, 제약 기술의 발전으로 인간의 수명 연장에 큰 몫을 담당하였다. 그 밖에도 화학의 발전이 현대의 과학기술 문명을 이루는 데 기여한 분야는 수없이 많다.

위 그림에서 화학비료의 구성 성분에서 보듯이, 식물 생장에 꼭 필요한 질소, 인, 칼륨과 같은 〈원소〉라는 것을 발견하였고, 20세기 초에 하버(F. Haber)는 공기 중의 질소를 수소와 고압으로 반응시켜 인공적으로 암모니아를 대량으로 합성하는 공정을 개발하여, 합성 비료를 양산함으로써 식량문제 해결에 크게 기여하였다. 또한 살충제, 제초제 등의 개발은 화학의 지식 없이는 만들 수 없는 제품으로 농산물의 질을 향상시켰다. 이와 같이 화학은 인류의 식량 문제 해결에 큰 역할을 하였다.

다음으로 의류 문제 해결에 관한 화학의 기여를 살펴보자. 인류는 최근까지만 하더라도 면직물, 양모, 실크 등 자연에서 얻는 재료를 이용하여 의류 문제를 해결해 왔다. 그러나 산업혁명 이후 합성섬유가 개발되면서 인류의 의류 문제에 획기적인 변화가 생기기 시작했다. 즉 1937년 미국의 과학자 캐로서스(W. Carothers)는 공기와 물을 이용한 나일론을 발명함으로써, 인류의 의류 문화에 혁명적인 기여를 하였다. 이는 화학의 발전이 없이는 불가능한 것이며, 그 이후에도 화학의 꾸준한 발전으로 인하여 현재 널리 사용되는 합성섬유 중의 하나인 폴리에스터가 개발되어 인류의 의류 문제 해결에 큰 도움을 주고 있다.

다음으로 화학의 발전이 우리의 주거 문제 해결에 어떻게 기여하였는가를 살펴보자. 인류는 과거에는 주로 자연으로부터 얻은 목재, 석재를 이용하여 주거 문제를 해결하였고 주로 평면적인 주거환경에서 생활하였으나, 시멘트의 개발과 철근의 개발로 주거시설이 수직적으로 바뀌어 인구 증가에 따른 토지의 부족을 해결하는 데 기여하게 되었다. 또한 석탄, 석유, 천연가스 및 원자력발전의 개발로 인하여 인류의 생존에 필요한 에너지 문제를 해결하고, 난방 및 냉방 그리고 조리의 편리성을 높여서 풍요로운 삶을 제공하게 되었다.

    이와 같이 화학은 인류의 생존과 번영에 지대한 공헌을 하였고, 일상생활의 편리성과 효율성을 증대시켜 왔다. 이러한 화학의 진보 과정과 그 내용을 정확히 이해하고 더욱 발전시키면, 인류의 생존에 필수, 기본 조건인 '의식주 문제'를 해결하는 데 기여할 것이다. 또한 인류가 우주를 탐험하고자 하는 꿈을 실현시킬 수 있고, 머지 않은 미래에 여러분의 우주여행도 가능하게 할 것이다.

한국형 발사체
누리호
(KSLV-2)

    그러나 화학의 발전은 인류 역사에 부정적인 면도 갖고 있다. 즉 화약의 발전과 이에 따른 총포, 미사일 같은 현대적 무기는 인류를 대량 학살하는 것을 가능하게 하였으며, 나아가서 원자 폭탄의 발명은 인류를 생존의 위기로까지 내몰고 있다. 그러나 화학의 발전이 현대 문명을 이루는 데 공헌한 사실은 아무도 부정할 수 없을 것이다. 그러면 지금부터 화학의 세계로 나아가 보자.

I-2 / 탄소 화합물

탄소 화합물의 발견

탄화수소는 탄소와 수소를 포함하는 유기화합물로서 에너지의 근원이고, 원자재이다. 19세기 초에 화학자들은 모든 인간을 포함하여 모든 생명체는 탄소 화합물로 이루어졌다는 것을 알고 있었다. 그러나 아래 그림과 같이 이 유기물은 오직 생명체만이 만들기 때문에 〈유기화합물〉이라 하였다. 그리고 그 당시 과학자들은 종교적인 성향 때문에 이 유기화합물은 그 "생명력" 때문에 합성은 불가능하다고 생각했었다. 그러나 독일의 화학자 웰러(F. Wohler)가 실험실에서 탄소화합물을 합성하였고, 그 이후에 과학자들은 유기화합물을 합성하는 데 소위 "생명력"은 필요 없다는 것을 알게 되었다.

그리고 이 탄소화합물은 탄소의 전자배열 때문에 수소 또는 주기율표상에서 탄소와 가까운 데 위치한 질소(N), 산소(O), 황(S), 인(P) 또는 할로겐(F, Cl, Br, I) 원자들과 결합한다는 것을 알아냈다. 더욱이 중요한 사실은 탄소 원자는 또 다른 탄소 원자와 연결하여 수백에서 수백만에 이르는 고리를 만들어 다양한 특성을 갖는다는 것도 알아냈다.

또한 탄소 원자는 복잡하고, 다양한 구조를 가진 화합물을 만들 수 있고, 오늘날에는 매일 다른 화합물이 합성되고 있다.

여러 가지 탄소 화합물

메테인(Methane, CH₄)

유기화합물 중에서 가장 간단한 것은 탄화수소(hydrocarbon)이다. 이것은 단지 탄소와 수소만으로 구성되어 있다. 그 종류는 수천 가지이다. 그중 가장 간단한 것이 메테인(methane, CH₄)이다. 메테인은 아래 그림과 같이 탄소 원자가 중심에 위치하고, 그 주위에 4개의 수소가 탄소와 공유결합을 하는 구조다. 그리고 이 메테인은 천연가스의 주성분으로 아주 유용한 연료다.

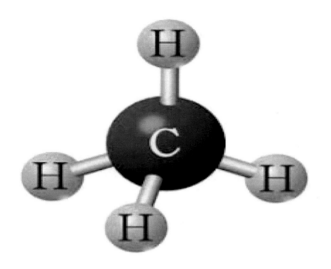

에탄올(Ethanol, C_2H_5OH)

에탄올(ehtanol)은 에틸알코올로 불리기도 하고, 메탄 다음으로 간단한 탄화수소인 에테인(C_2H_6)의 2개의 탄소 중에서 한 개의 탄소 원자에 산소-수소(하이드로옥실, hydro-oxyl, -OH)기가 결합된 화합물이다. 따라서 분자식은 C_2H_5OH가 된다. 이와 같이 탄화수소에서 한 개의 수소 원자를 OH가 대신 결합한 화합물을 알코올(alcohol)이라고 한다. 따라서 에탄올은 에테인에 하이드로옥실기(-OH)가 결합하였으므로, 에테인과 알코올을 합쳐서 에틸알코올 또는 에탄올이라고 부른다. 그 분자구조는 아래 그림과 같고, 일반적인 분자식은 ROH이다. 또한 에탄올은 주사를 맞을 때 쓰는 소독제로 많이 쓰이고, 용매, 연료 등으로도 널리 사용된다.

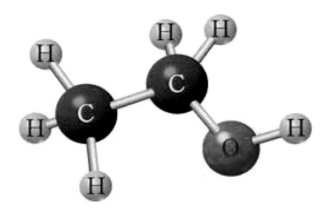

아세트산(Acetic acid, CH₃COOH)

아세트산은 카보옥실산(carboxyl acid) 중의 하나이다. 카보옥실산은 카보옥실기 (COOH)를 가진 유기화합물이다. 카보옥실기(-COOH)는 카보닐기(-C=O)와 하 이드로옥실기(-OH)로 구성되어 있다. 따라서 그 분자식은 CH₃COOH가 되 고, 아래에 구조식 모형이 나타나 있다. 아세트산은 식초의 주성분이며 보통 빙 초산이라고도 부른다.

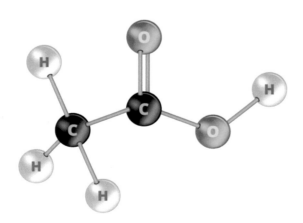

폼알데히드(Formaldehyde, HCHO)

탄소 원자에 산소 원자가 이중결합을 한 구조를 카보닐(-C=O)기라고 한다. 또이 카보닐기는 알데히드라고도 한다. 알데히드는 탄소 체인의 끝에 붙어 있는 카보닐기가 한쪽에는 탄소와 결합하고, 다른 한쪽은 수소와 결합한 구조를 갖고 있다. 알데히드는 *CHO 분자식을 가진다. 여기서 *는 알킬기(alkyl) 또는 H이다. 아래에 HCHO의 구조의 형태가 나타나 있다.

그리고 폼알데히드의 공식 명칭은 메타날(Methanal)이다. 이 폼알데히드는 나쁜 냄새가 나고, 접착제로 많이 쓰인다.

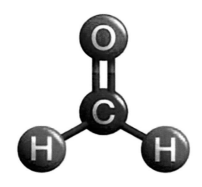

아세톤(Acetone, CH₃COCH₃)

카보닐기(-C=O)는 탄소 체인의 끝이 아닌 체인 사이에 위치할 수 있으며 이를 케톤(ketone)이라고 한다. 즉 케톤은 카보닐기의 탄소가 두 개의 다른 탄소와 결합한 화합물이다. 따라서 분자식은 CH_3COCH_3와 같이 되고, 아래 그림과 같은 구조를 갖는다. 아세톤은 가장 간단한 형태의 케톤이다. 아세톤은 극성 분자이며 알데히드보다는 약한 반응성을 갖는다. 그런 이유로 아세톤은 왁스, 플라스틱, 접착제의 용매로 쓰인다.

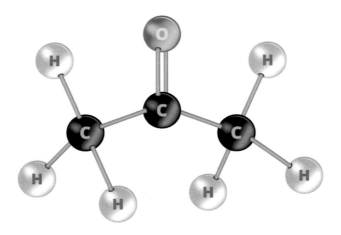

탄소 화합물의 이용

천연가스는 80%의 메테인과 10%의 에테인, 4%의 프로페인과 2%의 부테인, 질소와 헬륨가스 등으로 구성되어 있다. 메테인은 깨끗한 불꽃과 많은 열을 내며 탄다. 그 화학반응은 아래와 같다.

$$CH_4(g) + 2O_2(g) \longrightarrow CO_2(g) + 2H_2O(g) + 열$$

따라서 이 탄소화합물은 가스 상태의 연료로 사용된다. 그리고 프로페인과 부테인은 천연가스에서 분리하여 액화를 하여 사용한다. 이것이 액화 석유가스(LPG)다.

원유는 천연가스보다 복잡한 탄소화합물의 하나이다. 이 원유는 끓는점의 차이를 이용하는 분별증류 과정을 거쳐 여러 가지 석유 제품을 생산하여 사용한다. 아래에 원유의 분별증류 과정이 나타나 있다.

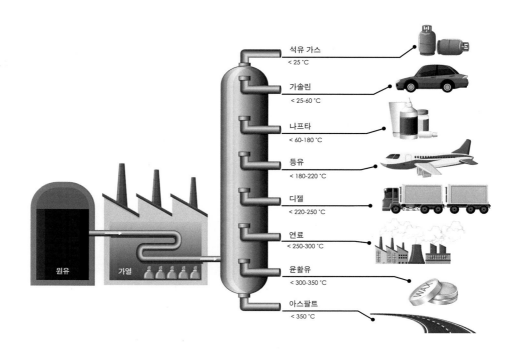

석유 가스
< 25 °C

가솔린
< 25-60 °C

나프타
< 60-180 °C

등유
< 180-220 °C

디젤
< 220-250 °C

연료
< 250-300 °C

윤활유
< 300-350 °C

아스팔트
< 350 °C

원유

가열

탄소 화합물은 이 밖에도 플라스틱의 원자재나 의약품, 합성세제 그리고 화장품에도 사용된다.

플라스틱은 원유에서 분리되는 나프타를 원료로 하여 합성되는 탄소화합물이다. 플리스틱은 수백에서 수백만에 이르는 탄소와 수소가 결합된 고분자 물질이다. 아는 바와 같이 현대에서는 이 플라스틱의 활용도는 실로 어마어마하다. 또 그에 따른 환경의 피해도 날로 심각해지고 있는 것이 현실이다. 아래 그림은 낚싯줄 재료로 쓰이는 나일론 고분자의 구조식이다.

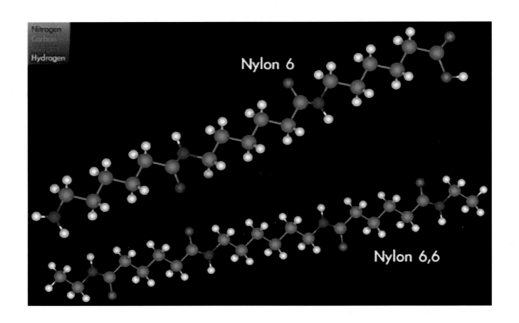

I-3 물질의 양과 화학반응식

몰이란 무엇인가?

물질을 측량하는 방법에는 어떤 것이 있나?

물체들의 수, 질량과 부피를 어떻게 서로 변환할 수 있을까?

    화학은 양을 다루는 과학이다. 화학을 공부할 때 물질 표본의 조성을 분석하고, 화학반응에서 반응물질의 양과 생성물의 양을 결정하는 화학적 계산을 하게 된다. 이러한 문제를 해결하려면 갖고 있는 물질의 양을 측량하여야 한다.

    물질의 양을 측량하는 한 가지 방법은 그 수를 세는 것이다. 예를 들어 수집한 CD의 수를 세는 것이다. 또 다른 방법은 그 무게를 측정하는 것이다. 아래 그림과 같

이 사과를 킬로그램이나 개수로 살 수 있고, 우유를 살 때는 리터나 병 단위로 살 수도 있다.

그러나 어떤 물건을 세는 단위 중에는 독특한 이름을 갖는 것도 있다. 예를 들어 쌍은 항상 2개를 의미하기 때문에, 장갑 한 쌍은 2개의 장갑이다. 그리고 아래 그림과 같이 달걀은 판으로 사며 항상 30개를 의미한다. 즉 달걀 1판은 30개의 달걀이다. 즉 한 쌍, 한 판으로 물건을 세면 낱개로 세는 것보다 편리하다. 더욱이 그 개수가 무수히 많을 때는 특정한 묶음으로 그 수를 세야 더욱 편리하다. 화학에서는 원자나 분자(대표입자)의 개수를 몰(mole)이라고 하는 특수한 묶음으로 센다.

사과와 같이 큰 물체를 세는 것은 그 물체를 얼마큼 갖고 있는가를 측정하는 합리적인 방법이다. 모래 언덕의 모래알 수를 세는 것을 상상해보자. 그것은 끝없는 작업이 된다. 그러면 여기서 물질은 원자, 분자 또는 이온으로 구성되어 있는 것을 기억하자. 이러한 입자들은 모래의 입자보다 훨씬 작아서 어떤 물질의 표본 안에 들어있는 입자 수는 말할 수 없이 많다. 분명히 그 입자를 하나하나 센다는 것은 현실적이지 않다. 그러나 달걀을 판으로 묶어서 세는 것과 같이, 원자를 몰(mole)로 묶어서 세면 훨씬 쉬울 것이다.

즉 화학자들은 정해진 수의 입자를 세는 특별한 단위를 사용한다. 그 단위를 몰(mole, mol)이라 한다. 어떤 물질의 1몰은 6.023×10^{23}개의 원자 또는 분자 즉 대표입자를 말하고, 몰은 물질의 양을 재는 SI 단위이다. 그리고 1몰 안에 있는 대표입자의 개수, 6.023×10^{23}을 아보가드로수(Avogadro Number, A.N.)라고 부른다. 이것은 이탈리아의 과학자며 원자와 분자의 차이를 명확히 구별한 아보가드로(1776-1856)를 기억하기 위해서 붙여진 이름이다.

대표입자란 무엇인가?

대표입자(representative particles)란 보통 원자, 분자, 또는 단위 화학식과 같이 어떤 물질 안에 존재하는 대표적인 구성 물질을 말한다. 대부분 원소의 대표입자는 원자다. 즉 철은 철의 원자로 구성되어 있고, 헬륨은 헬륨 원자로 구성되어 있다. 그러나 몇 가지의 원소, 즉 H_2, N_2, F_2, Cl_2 등은 2원자분자로 존재한다. 이러한 2원자분자 원소와 모든 분자화합물의 대표입자는 분자다. 분자화합물인 물(H_2O)과 이산화황(SO_2)은 각각 H_2O 분자와 SO_2 분자로 구성되어 있다.

그러나 이온화합물인 염화나트륨이나 염화칼슘의 대표입자는 단위화학식인 NaCl과 $CaCl_2$이므로, 이들의 1몰의 전체 원자수를 구할 때는 그 화학식을 구성하는 각각 원소의 개수를 합해야 한다. 그러나 1몰의 대표입자 수는 항상 아보가드로수다.
　여기서 꼭 대표입자의 개념을 이해해야 한다. 즉 아보가드로수는 대표입자의 개수지, 일반적인 원자수가 아니라는 점을 잘 이해해야 한다.

따라서 몰은 화학자들에게 어떤 물질에 들어 있는 대표입자의 수를 보다 쉽게 셀 수 있게 해 준다. 즉 어떤 물질의 1몰은 아보가드로수만큼의 대표입자를 갖고 있고, 그 수는 6.01×10^{23}개다.

몰과 대표입자 수의 변환은 어떻게 하나?

1몰$=6.02 \times 10^{23}$의 관계는 대표입자의 수를 몰수로 변환할 때나, 몰수를 대표입자의 수로 변환할 때 사용한다.

몰수 = 대표입자 수$/6.02 \times 10^{23}$(몰/원자)

위 식은 대표입자 수를 몰수로 변환할 때 쓰인다.

대표입자 수 = 몰수 $\times$ 6.02 $\times$ 10^{23}(대표입자 수/몰)

이 식은 몰수를 대표입자 수로 변환할 때 쓰인다.

예제 1

마그네슘 원자 1.25×10^{23}개는 몇 몰인가? 반대로 0.208몰의 마그네슘의 원자수는 몇 개인가?

첫 번째 문제는 원자수를 몰로 변환하는 문제이다. 즉,
1. 원자수를 몰수로 변환하기 위해서는 몰/원자 단위를 갖는 첫 번째 변환인자를 이용하면 된다.
2. 즉 1몰의 원자수는 아보가드로수이므로 마그네슘 원자수를 아보가드로수로 나누면 된다.
3. 즉 해답은 1.25×10^{23}(원자) $\times$ $1/6.02 \times 10^{23}$(몰/원자) = 0.208(몰)이다.

두 번째는 반대로 몰수를 원자수로 변환하는 문제다.
1. 몰수를 원자수로 변환하기 위해서는 원자/몰 단위를 갖는 두 번째 변환인자를 이용하면 된다.
2. 이때는 반대로 1몰의 원자수가 아보가드로수이므로 몰수에 아보가드로수를 곱하면 된다.
3. 즉 해답은 0.208(몰) $\times$ $6.0^{23} \times 10^{23}$(원자/몰) = 1.25×10^{23}(원자)이다.

원자량과 분자량의 개념

그러면 다음으로 화합물과 같이 몇 가지 원소가 모여서 대표입자를 만든 경우를 생각해보자. 만일 화합물의 1몰에 몇 개의 원자가 있는가를 알려면, 그 화합물의 대표입자에 몇 개의 원자가 있는가를 알아야 한다. 그 수는 화학식으로부터 결정된다. 아래 그림에 나타낸 상자 속에 담긴 분자를 생각하면 쉽게 이해가 된다. 물(H_2O)의 분자식을 보면 이 분자는 세 개의 원자로 구성된다. 즉 한 개의 수소와 두 개의 산소다. 따라서 1몰의 물의 분자는 3배의 아보가드로수만큼의 원자를 포함하게 된다. 산소(O_2) 분자는 두 개의 원자로 이루어져 있으므로 산소 1몰은 아보가드로수 2배의 원자를 포함한다.

따라서 어떤 몰수의 화합물 안의 원자의 수를 알기 위해서는, 먼저 대표입자의 수를 알아야 한다. 즉 그 화합물의 몰수를 대표입자의 수로 변환하기 위해서는, 몰수에 6.02×10^{23}(대표입자 수/몰)을 곱해야 한다. 그 후에 분자나 단위화학식을 구성하는 원자의 수를 곱하면 전체 원자의 수를 구할 수 있다. 즉 아래 그림과 같은 관계로 요약할 수 있다.

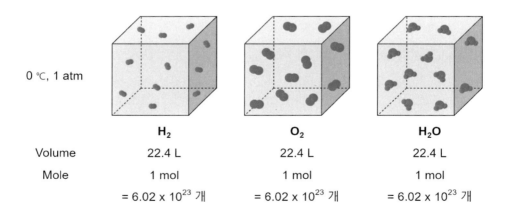

	H₂	O₂	H₂O
0 ℃, 1 atm			
Volume	22.4 L	22.4 L	22.4 L
Mole	1 mol	1 mol	1 mol
	= 6.02 x 10²³ 개	= 6.02 x 10²³ 개	= 6.02 x 10²³ 개

염화마그네슘(MgCl₂) 1몰의 전체 원자의 수는 몇 개인가?

1. 염화마그네슘은 Mg 원자 1개, Cl 원자 2개로 구성되어 있으므로 전체 원자수는 3이다.
2. 따라서 염화마그네슘 1몰의 원자의 총 개수는
3. 1(몰) × 6.01 × 10^{23}(입자/몰) × 3(원자/대표입자) = 1.803×10^{23}이 된다.

5몰의 프로페인(C₃H₈)에는 몇 개의 원자로 구성되어 있을까?

1. 이 문제를 풀기 위해서는 먼저 프로페인의 몰수로부터 대표입자 수를 계산하고 그 다음 원자수를 계산하면 된다.
2. 따라서 앞에서 설명한 변환인자를 이용하여 프로페인의 몰수에 몰수로부터 대표입자 수로 변환시키는 변환인자(아보가드로수/1몰)를 곱한 후에, 한 개의 대표입자가 포함하는 원자수를 곱하면 된다.
3. 5(몰) × 6.02 × 10^{23}(대표입자/몰) × 11(원자/대표입자) = 3.31 × 10^{25}

다시 말해서 몰-입자 수의 관계를 변환시키는 것은 아보가드로수임을 기억하자.

몰질량(Molar mass)의 정의와 의미

어떻게 한 원소 또는 화합물의 몰질량을 알 수 있을까?

원소의 질량은 원자질량단위(amu, atomic mass unit)로 나타냄을 기억하자. 원소의 질량은 가장 흔한 탄소 동위원소(carbon-12)의 질량을 기준으로 한 상대적인 값이다. 아래 그림은 12amu의 원자량을 가진 평균 탄소원자(C)는 1amu의 원자량을 가진 평균 수소원자(H)보다 12배 무겁다는 것을 보여준다. 따라서 100개의 탄소원자는 100개의 수소원자보다 12배 더 무겁다. 즉 원자수가 몇 배가 되어도 그 비율은 항상 두 원자의 원자량의 비율이다.

사실 몇 개의 탄소원자라도 같은 수의 수소 원자보다 12배 무겁다고 말할 수 있다. 다시 말하면 12g의 탄소원자와 1g의 수소원자는 동일한 수의 원자를 포함한다고 말할 수 있다. 주기율표에서 원자량을 살펴보면, 그것들이 정수가 아님을 알 수 있다. 예를 들어 탄소의 원자량은 수소 원자량의 정확한 12배는 아니다. 그것은 각 원소는 질량이 다른 동위원소가 존재하며, 나타낸 원자량은 각 원소의 동위원소들의 존재 비율을 고려한 평균값이기 때문이다. 아래 표에 12C와 13C 동위원소의 원자량과 존재 비율과 이를 사용한 평균 원자량이 나타나 있다.

탄소의 동위원소	12C	13C
원자량	12,000	13,003
존재 비율(%)	98.892	1.108
평균 원자량	12.01	

$$[12,000 \times 0.98892] \div [13,003 \times 0.01108] = 12,007 = 12.01$$

마찬가지로 수소도 아래 그림과 같이 3가지의 동위원소가 존재한다. 동위원소는 원자핵의 구성을 알아야 이해가 되는 것으로, 핵 안에는 양의 전하를 가진 양성자와 중성의 중성자가 존재한다. 그리고 동위원소는 양성자 수는 같은 데 반하여, 중성자 수가 다른 경우에 존재한다. 그러나 전자의 수는 동일하다. 수소의 동위원소는 아래 그림과 같이 중수소, 삼중수소가 있다. 그리고 각 동위원소는 존재 비율이 서로 다르다.

수소의 동위원소

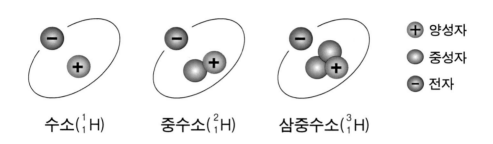

수소($^1_1$H)   중수소($^2_1$H)   삼중수소($^3_1$H)

⊕ 양성자
◯ 중성자
⊖ 전자

원소의 몰질량

실험실에서 일하기에는 그램(g)으로 측량한 양이 편리하기 때문에, 화학자들은 원소들의 원자질량단위(amu)로 나타낸 상대적인 질량을 그램으로 변환하였다. 이렇게 그램으로 나타낸 어떤 원소의 원자량이 그 원소의 몰질량(molar mass)이다. 즉 탄소의 몰질량은 12.01그램이며, 수소 원자의 몰질량은 1.0이 된다. 아래 표에 탄소와 유황 원자의 원자량과 몰질량을 나타냈다. 이 표에 나타낸 몰질량을 주기율표의 원자량과 비교해보자.

탄소 12.01그램과 유황 32.07그램을 비교하면, 그것들이 모두 같은 수의 원자를 포함한다는 것을 알 수 있다. 즉 어떤 원소라도 그 원소의몰질량은 같은 수의 원자를 포함한다. 즉 어떤 원소라도 몰질량은 1몰 또는 6.02×10^{23}개의 원자를 갖는다.

따라서 몰은 이제 다르게 정의될 수 있다. 즉 "몰은 어떤 원소가 12g의 탄소-12와 같은 수의 원자를 가진 어떤 물질의 양이다"라고 정의할 수 있다.

탄소-12의 몰질량이 12g이므로, 탄소 12g은 탄소 원자 1몰이다. 같은 논리로 1.0g의 수소는 수소 원자 1몰이다. 여기서 수소는 일반적으로 분자로 존재하므로 수소 분자 1몰은 2.0g이 되는 것에 유의하자. 또한 마그네슘의 몰질량은 24.3g이므로 마그네슘 1몰은 24.3g의 질량을 갖는다. 즉 〈몰질량〉은 모든 원소에서 1몰의 질량이다.

6 **C** 12.01	C 원자 1개 : 12.01 [amu] C 1 [mol] 당 : 12.01 [g] C 원자량 : 12.01 C 몰질량 : 12.01 [g/mol]
16 **S** 32.07	S 원자 1개 : 32.07 [amu] S 1 [mol] 당 : 32.07 [g] S 원자량 : 32.07 S 몰질량 : 32.07 [g/mol]

분자 질량과 화합물의 몰질량의 차이는 무엇인가?

어떤 화합물의 몰질량을 알기 위해서는 그 화합물의 화학식을 알아야 한다. 이산화유황은 SO_2이다. SO_2 분자는 유황 원자 1개와 산소 원자 2개로 구성되어 있다.

따라서 SO_2 분자 질량은 그 분자를 이루는 각 원소의 원자량을 더해서 계산할 수 있다. 주기율표로부터 유황의 원자량은 32.07amu이다. 산소원자 2개의 질량은 1개 산소원자의 원자량의 2배이므로 2×16amu=32.0amu이다. 따라서 SO_2 분자의 질량은 32.07amu+32.0amu=64.07amu가 된다.

그리고 SO_2의 몰질량을 얻기 위해서 원소의 amu단위를 g단위로 바꾸면 된다. 어떤 화합물의 몰질량(g/mol)은 그 화합물 1몰의 질량을 그램(g)으로 나타낸 것이다. 그리고 그것은 SO_2분자 6.01×10^{23}개의 질량이다.

이러한 몰질량을 구하는 방법은 그것이 화합물, 분자 또는 이온화합물이든지 간에 다 같이 적용된다. 아래 그림에 나타나 있는 포도당($C_6H_{12}O_6$)의 몰질량이 180.0g인 것은 위와 같은 방법으로 구해졌다. 확인해 보면 C원자량은 12amu, H의 원자량은 1amu이고 O의 원자량은 16amu이므로 포도당의 몰질량은 12×6 + 1×12 + 16×6 = 180amu이므로 여기에 몰질량의 정의에 따라 g 단위를 붙이면 180g이 된다.

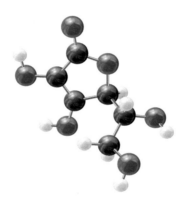

예제 4

프로페인(C_2H_8)의 몰질량은 얼마인가?

1. 알고 있는 것은 프로페인의 분자식은 C_2H_8이고
2. C원자 1몰의 질량 = 12.0g/몰이며
3. H원자 1몰의 질량 = 1.0g/몰이다.
4. 프로페인 분자 1몰은 C원자 2몰과 H원자 8몰을 갖고 있다.
5. 따라서 C_2의 몰질량 = 2 × 12.0g/몰 = 24g/몰이고
   H_8의 몰질량 = 8 × 1.0g/몰 = 8g/몰이다.
6. 따라서 C_2H_8의 몰질량은 24g/몰 + 8g/몰 = 32g/몰이 된다.

몰과 질량과의 관계

그러면 어떻게 어떤 물질의 질량을 그 물질의 몰수로 변환할 수 있을까? 그 방법은 몰질량의 개념을 이용하면 가능하다.

지난번에 우리는 어떤 물질의 몰질량은 그 물질의 1몰을 그램으로 나타낸 질량이라는 것을 배웠다. 이러한 정의는 원소, 분자, 분자 화합물과 이온화합물 등 모든 물질에 적용된다. 그러나 어떤 경우에는 몰질량이라는 것이 불분명할 때도 있다. 예를 들어 산소의 몰질량은 얼마인가? 이 질문에 대답하는 것은 대표입자를 어떻게 가정하느냐에 따라 달라진다. 질문에서 말하는 산소를 산소 분자로 가정하면 몰질량은 32g/mol이 된다.

그러나 산소 원자로 생각하면 그 답은 16g/mol이 된다. 이러한 혼동을 피하기 위해서는 그 물질을 화학식으로 말하면 된다. 즉 산소라고 하지 않고 O_2 아니면 O로 구분하여 말하면 된다.

예를 들어 실험을 할 때 어떤 물질 몇 몰이 필요한데, 실험실에서 그 물질을 질량으로 얻었다고 가정해 보자. 그러면 그 얻은 물질은 몇 몰인가를 알려면, 그 물질의 질량으로부터 몰로 변환시켜주는 〈1몰/몰질량〉 변환인자를 그 얻은 물질의 질량에 곱하면 몰값을 얻게 된다. 반대로 어떤 물질의 몰수로부터 질량값을 얻고자 할 때는 〈몰질량/1몰〉 변환 인자를 몰 값에 곱해주면 그 물질의 질량 값을 얻을 수 있다.

예제 5

이산화실리콘(SiO_2) 10몰의 질량은 얼마인가?

1. SiO_2의 몰질량을 구한다.
   몰질량은 각 원소의 원자량에 그 원자수를 곱해서 이를 합하면 구할 수 있다.
   여기서는 Si 원자량 28.1amu + 산소의 원자량 16.0amu × 2 = 60.1amu
2. 10몰의 질량은 몰질량 × 몰수를 계산하면 된다.
   여기서는 10(몰) × 60.1(그램/몰) = 601(그램)

이산화실리콘 30.05그램은 몇 몰인가?

1. SiO_2의 몰질량을 구한다. 여기서는 위와 같이 계산하면 몰질량은 60.1g/몰이다.
2. 그러면 주어진 질량을 몰질량으로 나누면 얻고자 하는 몰수를 얻을 수 있다.
3. 즉 30.5(g)/60.1(g/몰) = 0.5몰

몰부피의 의미는 무엇인가?

어떻게 기체의 부피로부터 몰수를 알 수 있을까?

여러분의 고체 1몰의 부피와 액체 1몰의 부피는 같지 않다는 것을 알 수 있다. 또한 수증기 1몰의 부피는 물(H_2O) 1몰의 부피보다 훨씬 크다는 것을 알 수 있다. 여기서 중요한 사실은 액체와 고체와는 다르게 기체의 부피는 같은 물리적 상태에서 측량하였을 때보다 예측하기 쉽다는 것이다. 즉 모든 기체는 표준상태에서 일정한 부피(22.4L)를 갖는다.

아보가드로의 가설 기원은?

1811년 아보가드로는 획기적인 〈아보가드로의 가설〉을 내놓았다. 그것은 기체는 같은 온도와 압력에서는 부피가 같으면 같은 입자 수를 갖는다는 것이다. 기체의 종류가 다르면 그 입자의 크기도 다르다. 그러나 모든 기체 안의 입자들은 서로 아주 멀리 떨어져 존재하기 때문에, 상대적으로 큰 기체의 입자라고 해서 작은 입자에 비해서 더 많은 공간을 차지하지는 않는다는 것이다. 즉 기체의 입자들은 아래 그림에 나타난 것과 같이 같은 입자 수의 기체는 그 종류와 크기에 상관없이 같은 공간을 차지한다. 그리고 기체 분자들 사이에는 넓은 공간이 있다.

기체의 부피는 압력의 변화나 온도의 변화에 따라서 변한다. 이러한 온도와 압력에 따른 부피의 변화 때문에 일반적으로 기체의 부피는 표준온도 및 표준압력에서 측정된다. 표준온도는 0℃ 그리고 표준압력(standard temperature and pressure, STP)은 101.3kPa 또는 1기압(atm)을 의미한다. STP에서 어떤 기체의 1몰 또는 6.01×10^{23}개의 대표입자는 22.4L의 부피를 차지한다. 이 22.4L를 기체의 〈몰부피(molar volume)〉라고 한다.

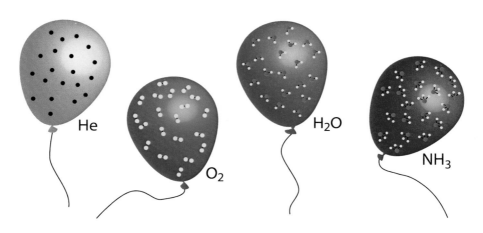

아보가드로 법칙: 같은 온도, 같은 압력에서 같은 부피 속에 든 기체의 분자수는 같다.

STP에서 기체의 부피와 몰수 계산

STP에서 기체의 〈몰부피〉는 화학자들에게는 유용한 값이다. 즉 몰부피는 STP에서 어떤 기체의 몰수와 부피 사이의 변환에 쓰인다. 계산에 쓰이는 변환인자는 STP에서 22.4L = 1몰이다.

이 변환인자를 사용하여 어떤 기체의 몰수를 그 기체의 부피로 변환하거나 어떤 기체의 부피를 몰수로 바꿀 수 있다.

1. 먼저 STP에서 모든 기체의 부피는 몰부피인 22.4(L/몰)인 것을 기억해야 한다.
2. 따라서 주어진 기체의 몰수에 몰부피를 곱하면 그 기체의 부피를 알 수 있다.
3. 즉 답은 5(몰) × 22.4(L/몰) = 112(L)이다.

몰질량과 몰비중 계산하기

기체로 채워진 풍선은 그 안에 채워진 기체의 비중이 주위의 공기보다 큰가 또는 작은가에 따라 뜰 수도 있고 가라앉을 수도 있다. 기체들은 그 비중이 각기다르다. 일반적으로 기체의 비중은 어떤 특정한 온도에서g/L로 측정된다. STP에서의 비중과 STP에서의 몰부피(22.4L)는 그 기체의 몰질량을 계산하는 데 쓰인다. 이와 유사하게 기체의 몰질량과 STP에서의 몰부피는 그 기체의 STP에서의 비중을 계산하는 데 쓰인다.

지금까지 STP에서 기체의 1몰을 입자, 질량 그리고 부피의 관점에서 살펴보았다.

1. 먼저 기체의 몰부피는 22.4L이다.
2. 그런데 기체 화합물의 비중을 잘 살펴보면 그 단위가 g/L이다. 즉 1L의 무게와 같은 개념이다.
3. 따라서 몰부피인 22.4L의 질량, 즉 몰질량은 그 화합물 기체의 비중에 몰부피를 곱하면 얻을 수 있다.
4. 해답은 1.964(g/L) × 22.4(L/몰) = 44.0(g/몰)이다.
5. 즉 기체의 비중에 몰부피를 곱하면 그 기체의 몰질량을 계산할 수 있다.

반대로 어떤 기체 또는 기체 화합물의 몰질량을 알면 그 기체의 몰비중을 계산할 수 있다.

예제 8-2

어떤 기체의 몰질량이 22g/몰이라면, 그 기체의 STP에서 비중(질량/L)은 얼마인가?

---

1. 먼저 비중은 1L당의 질량이므로 몰비중과 같은 개념이다.
2. 따라서 몰질량 22(g/몰)을 몰부피(22.4L/몰)으로 나누면 그 기체의 1L당 질량, 즉 비중을 계산할 수 있다.
3. 여기서는 22(g/몰) /22.4(L/몰) = 0.982(g/L)를 얻는다.

퍼센트 조성과 화학식

화합물의 퍼센트 조성

화합물의 퍼센트 조성은 어떻게 계산할까?

잔디를 가꿀 때 비료의 각 성분의 상대적 비율 또는 퍼센트는 중요하다. 봄에는 잔디를 푸르게 만들기 위하여 질소의 퍼센트가 높은 비료를 사용한다. 가을에는 잔디의 뿌리를 강하게 하려고 칼륨의 퍼센트가 높은 비료를 사용한다. 혼합물이나 화합물의 각 성분의 상대적 양을 아는 것은 매우 유용하다.

화합물의 각 원소의 상대적 양은 〈퍼센트 조성(percent composition, %)〉으로 나타낸다. 퍼센트 조성에는 부피를 기준으로 하는 〈부피 퍼센트, v/o〉와 질량을 기준으로 하는 〈중량 퍼센트, w/o〉다. 아래 그림에 공기 각 성분의 부피 퍼센트와 중량 퍼센트가 나와 있다.

성분		물질량	vol%	wt%
Nitrogen	N2	28.01	78.084	75.511
Oxygen	O2	32.00	20.946	23.14
Argon	Ar	39.95	0.934	1.29
Carbon dioxide	CO2	44.01	0.0412	0.063
Neon	Ne	20.18	0.001818	0.0013
Helium	He	4.00	0.000524	0.00007
Methane	CH4	16.04	0.000179	0.0001
Krypton	Kr	83.80	0.0001	0.00029
Hydrogen	H2	2.02	0.00005	0.000003
Xenon	Xe	131.29	0.000009	0.00004

질량 데이터로부터 퍼센트 조성 계산하기

어떤 화합물의 각 원소의 상대적 질량을 알고 있다면, 그 화합물의 퍼센트 조성을 계산할 수 있다. 즉 화합물의 각 원소의 중량퍼센트는 그램으로 나타낸 각 원소의 질량을, 그램으로 나타낸 화합물의 질량으로 나눈 값에 100을 곱한 값이다.

$$원소의 중량 \% = (원소의 중량/화합물의 중량) \times 100$$

예제 9

칼슘과 산소로만 되어 있는 어떤 화합물 20g이 분해되어, 산소 5g이 얻어졌다면 이 화합물의 각 성분의 퍼센트 조성은 어떻게 되나?

1. 먼저 알고 있는 값은 화합물 질량 = 20g, 얻어진 산소의 질량 = 5g, 따라서 칼슘의 질량 = 20-5 = 15g이다.
2. 칼슘의 퍼센트 조성은 (칼슘의 질량/화합물의 질량) × 100%로 계산할 수 있다.
3. 따라서 여기서는 칼슘의 퍼센트 조성은 (15g/20g) × 100% = 75 % 이다.

4. 그러면 산소의 퍼센트 조성은 (5g/20g) × 100% = 25%로 계산하든지
아니면 전체 화합물의 조성은 100% 이므로 100%-75% = 25%로 계산해도 값은 같다.

화학식으로부터 퍼센트 조성 계산하기

또한 화학식을 이용하여 어떤 화합물의 퍼센트 조성을 계산할 수 있다. 어떤 화학식의 아래 첨자는 그 화합물에서 각 원소의 질량을 계산하는 데 쓰인다. 그 원소들의 각각의 질량과 몰 질량을 이용하여 각 원소의 중량 퍼센트를 계산할 수 있다.

즉 한 원소의 중량 % = (화합물 1몰에서 각 원소의 질량)/(화합물의 몰질량) × 100이다.

예제 10
메테인(CH_4)의 각 원소의 중량 퍼센트를 계산하라.

1. 먼저 메테인의 몰질량을 계산한다. C=12g, H=4g이므로 메테인의 몰질량은 16g이다.
2. 각 성분 원소의 질량을 계산한다. C=12g×1, H=1g×4이다.
3. 그리고 각 성분의 질량을 어떤 화합물의 몰질량으로 나눈 후에 100%를 곱하면, 각 성분의 중량 퍼센트가 구해진다.
4. 여기서는 C의 중량퍼센트 = (12/16)×100%=75%이고, H의 중량퍼센트=(4/16)×100%=25%이다.

변환인자로서의 퍼센트 조성

일정한 질량의 화합물에 있는 어떤 원소의 그램 수를 계산하는 데 퍼센트 조성을 이용할 수 있다. 그렇게 하기 위해서는 화합물의 질량을 각 원소의 퍼센트 조성으로 곱하면 된다. 예제 10에서 메테인은 75%의 탄소와 25%의 수소로 이

루어져 있다. 그것은 100g의 메테인 시료에서 75g의 탄소와 25g의 수소를 얻을 수 있다는 것을 의미한다. 다음 예제로 확인해 보자.

예제 11

100g의 CH_4에서 각 성분의 질량을 구해보자.

1. 먼저 CH_4의 몰질량을 구한다. 즉 원자량이 C=12, H=1이므로 몰질량은 16이다.
2. 그다음 C의 중량 퍼센트는 C의 질량/몰질량 이므로 (12/16) × 100= 75%이다.
3. 따라서 C의 질량은 100g × (75/100)= 75g이다.

실험식은 어떻게 만드나?

어떤 화합물의 실험식은 어떻게 구할 수 있을까?

밥을 짓는 편리한 방법은 쌀 한 컵에 물 두 컵을 섞는 것이다. 밥을 두 배로 지으려면 두 컵의 쌀에 4컵의 물을 사용하는 것이다. 마찬가지로 화합물도 그 화학식은 원소들의 기본 비율로 되어 있다. 그 비율을 어떤 인자로 곱하면 다른 화합물을 만들 수 있다.

화합물의 〈화학식(empirical formular)〉은 그 화합물에 있는 원소들의 가장 낮은 정수의 비율이다. 아래 그림 위쪽은 과산화수소의 실험식과 분자식을 보여준다. 화학식은 분자식과 같을 수도 있고 다를 수도 있다. 예를 들어 과산화수소(H_2O_2)의 수소와 산소의 비율은 1:1이다. 따라서 과산화수소의 〈화학식〉은 HO이다. 그러나 과산화수소의 〈분자식〉은 H_2O_2로 화학식에서의 원자수의 2배를 갖고 있다. 그러나 수소와 산소의 비율은 같은 점에 주의하자. 분자식은 화합물의 분자에 존재하는 원자의 실제 수를 말해준다.

암모니아는 화학식과 분자식이 같은 경우다. 그리고 아래 그림의 아래쪽은 아세트산의 실험식과 분자식이 다른 것을 보여준다. 화학식에 대해서는 앞으로 공부한다.

	과산화수소	암모니아
실험식 :	HO	NH_3
분자식 :	H_2O_2	NH_3
	(실험식 x 2 = 분자식)	(실험식 = 분자식)

화학식 : CH_3COOH

분자식 : $C_2H_4O_2$

시성식 : CH_3COOH

실험식 : $C_1H_2O_1$

예제 12

어떤 화합물이 25.9%의 질소(N)와 74.1%의 산소(O)를 포함한다고 분석되었다면, 이 화합물의 실험식은 무엇이겠는가?

1. 먼저 질량 퍼센트로부터 각 원소의 몰수를 구한다.
2. 즉 N의 몰수를 구한다. 25.9(g)/14(g/몰) = 1.85몰
3. 다음 O의 몰수를 구한다. 74.1(g)/16(g/몰) = 4.63몰
4. 그 다음으로 O와 N의 최소의 몰비율을 작은 몰에 대하여 구한다. 여기서는 N이 작은 몰수이므로 O/N의 몰비율 = 4.63/1.85 = 2.50를 구한다.
5. 이 몰비율이 정수가 되도록 최소의 정수를 곱한다. 여기서는 2.50 × 2(최소의 정수 배) = 5(정수)가 되도록 한다.
6. 따라서 구하는 실험식은 N_2O_5이다.

분자식은 실험식으로부터 만들어진다

화합물의 분자식은 실험식과 비교해서 어떻게 다른가?

아래 표에 있는 화합물을 살펴보자. 에틴(Ethyne)과 벤젠(Benzene)은 실험식은 둘 다 CH로 같다. 메타놀(Methanol), 에타노익산(ethanoic acid) 그리고 글루코즈 (glucose)는 모두 실험식이 CH_2O이다. 이 두 종류의 화합물의 몰질량은 실험식 (CH, CH_2O)의 몰당 질량의 간단한 정수배다. 어떤 화합물의 분자식은 실험적으로 얻어진 실험식과 같거나, 실험식의 간단한 정수배다.

어떤 화합물의 실험식이 결정되고, 그 화합물의 몰당 질량을 알면 분자식을 결정할 수 있다. 이 경우에 화학자들은 몰질량을 알려고 질량분석기(mass spectrometer)를 이용한다. 화합물은 대전된 이온으로 나누어져 자장(magnetic field)을 통과한다. 그러면 자장은 입자들을 직선 경로에서 휘게 한다. 그리고 화합물의 질량은 그 입자들이 휘는 정도에 따라 결정된다.

실험식으로부터 그 실험식의 질량(efm)을 계산할 수 있다. 이것이 곧 〈실험식의 몰질량(empirical formula mass)〉이다. 그 후에 실험으로 얻어진 몰질량을 실험식의 몰질량으로 나눈다. 그러면 그 몫이 실험식을 분자식으로 변환할 때 실험식에 곱하는 수이다.

Formula(name)	Classification of fomula	Molar mass (g/mol)
CH	Empirical	13
C_2H_2(ethyne)	Molecular	26(2×13)
C_6H_2(benzene)	Molecular	78(6×13)
CH_2O(methanal)	Empirical and molecular	30
$C_2H_4O_2$(ethanoic acid)	Molecular	60(2×30)
$C_6H_{12}O_6$(glucose)	Molecular	180(6×30)

화학식이 CH_4N이고 몰질량이 60.0g인 화합물의 분자식은 무엇인가?

1. 먼저 CH_4N의 실험식량을 구한다. 여기서는 12(g/몰) + 4 × (1g/몰) + 14.0(g/몰) = 30.0(g/몰)이다.
2. 그 다음에 몰질량을 실험식량으로 나누어 그 값을 구한다. 여기서는 60 (g/몰)/ 30(g/몰) = 2이다.
3. 실험식 CH_4N에 위에서 구한 몰질량/실험식량 = 2를 첨자에 곱한다.
4. 그러면 $C_2H_8N_2$가 분자식이 된다.

화학반응식

골격 화학반응식이란 무엇인가?

골격방정식(skeleton equation)이란 무엇을 의미하고 어떻게 쓰는가?

하루의 순간마다 여러분의 몸 안에서 그리고 주변에서 화학반응이 일어나고 있다. 식사를 하고 나면 여러분의 몸이 음식물을 소화시키면서 화학반응이 연쇄적으로 일어난다. 이와 비슷하게 식물들은 자라기 위해서 햇빛을 이용하여 광합성을 한다. 비록 소화나 광합성은 다르지만, 이 모두 생명의 유지를 위해서 필요하다. 모든 화학반응은 간단하거나 복잡하거나를 막론하고 물질의 변화를 수반한다.

화학반응에서는 한두 개 이상의 반응물이 한두 개 이상의 생성물을 만든다. 음식물의 조리에는 언제나 화학반응이 따라다닌다. 빵을 굽기 위해서는 조리표와 식재료로 시작한다. 조리표는 어떤 식재료를 각각 얼마나 섞는지를 말해준다. 그 식재료 또는 반응물을 섞어서 오븐에서 가열하면 화학반응이 일어난다. 이 경우에 생성물은 빵이 된다.

화학자들은 그 화학반응에서 일어나는 정보를 가능한 한 많이 얻으려고 화학반응식을 이용한다.

화학반응은 어떻게 나타낼까?

화학반응에서 무슨 일이 일어나는지 어떻게 나타낼까? 반응물은 왼쪽에 쓰고, 생성물은 오른쪽에 쓰는 것을 기억하자. 그 사이에 화살표로 그것들을 구분한다. 그리고 화살표는 '~로 된다', '~을 만든다' 또는 '~을 생성한다'를 의미한다.

반응물 ⟶ 생성물

그러면 위 그림에서 철이 녹슨 것을 어떻게 표현할까?

"철이 산소와 반응하여 산화철(Ⅲ) 또는 녹을 만든다."라고 말할 수 있다. 이것은 아주 좋은 표현이지만, 다음과 같이 〈단어 화학반응식〉으로 표현하면 더 빠르게 반응물과 생성물을 알 수 있다.

철 + 산소 ⟶ 산화철(Ⅲ)

화학반응식은 어떻게 만들어지나?

단어반응식은 화학반응을 적절히 나타낼 수는 있지만, 번거로운 점이 있다. 따라서 반응물과 생성물을 화학기호를 이용하여 화학반응식을 쓰면 더 쉽게 나타낼 수 있다. 즉 화학반응식은 화학반응을 나타내는 식이다. 즉, 반응물의 화학기호를 왼쪽에 쓰고, 생성물의 화학기호는 오른쪽에 써서 화살표로 연결한다. 녹이 스는 화학반응식은 아래와 같이 쓴다.

$$Fe + O_2 \longrightarrow Fe_2O_3$$

이렇게 반응물과 생성물의 화학기호만으로 나타낸 식을 〈골격화학반응식(skeleton equation)〉이라고 한다. 골격화학반응식은 반응물과 생성물의 상대적 양을 나타내지는 못한다. 완전한 화학반응식을 쓰는 첫 번째 단계는 골격화학반응식을 쓰는 것이다. 골격화학반응식을 쓰기 위해서는 반응물의 화학기호 또는 화학식을 왼쪽에 쓰고, 화살표로 연결한 다음 그 오른쪽에 생성물의 화학식을 쓴다.

이 화학반응식에 더 많은 정보를 담기 위해서, 화학식 바로 뒤에 각 물질의 상태를 나타내는 표시를 넣는다. 즉 고체에는 (s), 액체에는 (l), 기체에는 (g) 그리고 수용액에는 (aq)를 쓴다. 아래에 철이 녹스는 반응에 대한 계수를 맞추지 않은 화학반응식을 각 물질의 상태에 따른 표시를 추가하여 나타낸다.

$$Fe(s) + O_2(g) \longrightarrow Fe_2O_3(s)$$

많은 화학반응에서 반응물의 혼합물에 촉매가 첨가된다. 촉매(caltalyst)는 반응의 속도를 높이는 물질이나, 반응에서 사용되지는 않는다. 촉매는 반응물도 생성물도 아니기 때문에 화학반응식의 화살표 위에 쓴다. 예를 들어 산화망간(IV)(MnO_2)이 과산화수소($H_2O_2(aq)$)의 수용액이 물과 산소로 분해되는 반응에서 촉매로 쓰일 때는 아래와 같이 쓴다.

$$H_2O_2(aq) \xrightarrow{\text{MnO}_2} H_2O(l) + O_2(g)$$

예제 14

철은 공기 중의 산소 및 습기와 반응하여 수산화철을 만들어서 녹이 슨다고 한다. 이 경우에 골격 화학반응식과 화학반응식을 써보시오.

1. 철은 Fe이고 산소는 O_2, 수분은 H_2O이고 수산화철은 Fe(OH)이므로
2. 왼쪽에 Fe, O_2와 H_2O를 쓰고 화살표를 사이 두고 오른쪽에 생성물 Fe(OH)를 쓰면 된다. 즉 골격화학식은

   $$Fe(s) + O_2(g) + H_2O(l) \longrightarrow Fe(OH)(s)$$가 된다.

   이때 각 반응물과 생성물의 상태를 나타내야 한다.
3. 그리고 화학반응식은 위 골격화학식의 양변의 계수를 맞추어서 완전한 화학반응식으로 쓰면 된다. 즉

   $$4Fe + 3O_2 + 6H_2O = 4Fe(OH)_3$$

화학반응식의 계수는 왜 맞추어야 하나?

화학반응식을 쓰고, 계수를 맞추기 위해서는 어떻게 하나?

조립식 책상을 제작할 때 단어 또는 문장으로는 어떻게 쓸까? 여러분의 일을 쉽게 하기 위하여 4개의 주요 부품으로 제한한다. 그러면 다음과 같이 쓸 수 있을 것이다.

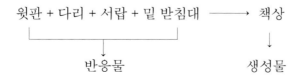

그러나 책상을 만들기 위해서 부품을 주문한다면, 위와 같은 단어식은 부적절할 것이다. 표준 책상은 1개의 위판, 4개의 다리, 1개의 밑 받침대 그리고 2개의 서랍으로 구성되기 때문이다.

1 위판 + 4 다리 + 2 서랍 + 1 밑 받침대 ——→ 1 ㅇ 4 ㄷ 2 ㅅ 1 ㅁ (완성된 책상)
은 균형이 맞추어진(완성된) 식이 된다.

그러나 다리를 3개 주문해서 조립을 하고자 하면 다음 식과 같이 쓸 수 있고, 이 식은 균형이 맞추어지지 않은 식이 되고, 책상을 조립할 수 없다.

1 위판 + 3 다리 + 1 서랍 + 1 밑 받침대

↓

1 ㅇ 3 ㄷ 1 ㅅ 1 ㅁ (미완성 책상)

이와 같이 균형을 맞추기 위해서 단어식의 각 단어 앞에 쓴 작은 정수를 〈계수〉라고 한다. 그리고 균형을 맞춘 식에서는 반응물의 각 부품의 수와 생성물을 구성하는 부품의 수가 일치하여야 한다.

화학반응식에서도 마찬가지로 〈계수가 맞춰진 식(balanced equation)〉 또는 완성된 식에서는 식의 양변에서 원자의 수와 질량이 일치하여야 한다. 이는 〈질량보전의 법칙〉과도 논리적으로 일치한다.

돌턴(J. Dalton)의 원자이론을 기억해 보면 반응물은 생성물로 변환되고, 원자들을 결속시키는 결합이 깨지고, 새로운 결합이 만들어진다고 말하고 있다. 즉, 원자들은 새로 만들어지거나 파괴되는 것이 아니고 단지 재배열하는 것뿐이다.

돌턴의 원자이론의 이 부분이 질량보존을 설명하고 있다. 어떤 화학적 변화에서도 질량은 보존된다. 즉 생성물에서의 원자들은 반응물에서의 원자들과 같고, 다만 그들이 재정열한 것뿐이다. 계수를 맞춘 화학반응식으로 화학반응을 나타내는 것은 두 단계 과정이다. 완전한 화학반응식을 쓰기 위해서는 먼저 골격화학반응식을 써야한다. 그 후에 그 식의 계수를 맞춰서 질량보존의 법칙을 따르도록 해야 한다. 따라서 모든 완전한 화학반응식에서는 그 식의 양변에서 각 원소의 원자수가 같은 수를 갖는다.

그러나 어떤 때는 골격화학반응식의 계수가 이미 맞춰진 경우도 있다. 예를 들어 탄소가 산소 중에서 연소하여 이산화탄소를 만드는 경우다.

 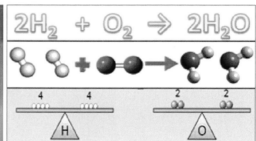

$$C(s) \quad + \quad O_2(g) \longrightarrow CO_2(g)$$
탄소   산소   이산화탄소

반응물   생성물
1 탄소원자 + 2 산소원자   1 탄소원자 + 2 산소원자

이 식은 이미 계수가 맞춰져 있다. 양변에는 모두 1개의 탄소 원자와 2 개의 산소 원자가 있다. 계수를 바꿀 필요가 없다. 즉 모든 계수는 1이다.

그러면 수소와 산소 가스의 반응에 대한 식은 어떨까? 수소와 산소를 섞으면 그 생성물은 물이다. 골격화학반응식은 다음과 같다.

$$H_2(g) \quad + \quad O_2(g) \quad \longrightarrow \quad H_2O(l)$$

수소   산소   물

반응물   생성물

2 수소원자 + 1 산소원자   2 수소원자 + 1 산소원자

모든 반응물과 생성물의 화학식은 정확하지만 계수가 맞춰지지 않았다. 쓰여진 그대로는 질량보존의 법칙에 위배된다. 따라서 이 식은 실제로 정확히 무슨 일이 일어나는지를 정량적으로 나타내지 못하고 있다. 그러면 어떻게 해야 할까?

STEP 1	물 → 수소 + 산소
STEP 2	
STEP 3	일단 산소 원자수 맞추고
	다음에 수소 원자수 맞춘다

이 반응식의 계수를 맞추기 위해서는 각 종류의 원자수를 세어야 한다.

수소의 원자수는 같지만, 산소는 틀리다. 만일 H_2O 앞에 계수 2를 넣으면, 산소의 계수가 맞게 된다. 그러나 생성물 쪽의 수소원자의 수는 반응물 쪽보다 2배가 많게 된다. 이 반응식을 바로잡으려면 H_2 앞에 계수 2를 넣으면 된다. 그러면 양변에 똑같이 4개의 수소원자와 2개의 산소원자가 있게 된다. 이제 반응식의 계수는 맞춰졌다.

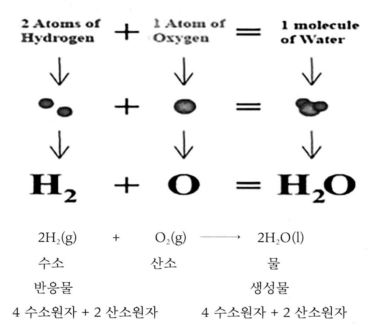

$$2H_2(g) \quad + \quad O_2(g) \longrightarrow \quad 2H_2O(l)$$

수소   산소   물

반응물   생성물

4 수소원자 + 2 산소원자   4 수소원자 + 2 산소원자

화학반응식의 계수를 맞추는 방법은 다음과 같은 단계로 한다.

1. 반응물과 생성물의 정확한 화학식을 결정한다.
2. 왼쪽에는 반응물, 오른쪽에는 생성물의 화학식을 쓰고, 중간에는 화살표를 쓴다. 만일 2가지 이상의 반응물이나 생성물이 있으면 +부호로 구분한다.
3. 양변에 반응물과 생성물의 각 원소에 대하여 원자수를 계산한다.

4. 계수를 이용하여 한 번에 한 원소씩 계수를 맞춘다. 이때 양변에서 오직 한 번만 나오는 원소의 계수부터 맞추기 시작한다. 그리고 화학식의 첨자를 바꿔서 반응식의 계수를 맞추면 절대 안 된다. 각 물질은 단 한 가지 화학식을 갖는다.

5. 각 원자 또는 다원자이온의 수가 양변에서 같은지 확인한다.

6. 모든 계수가 가장 작은 비율인 것을 확인한다.

예제 15

다음과 같은 단어 화학반응식을 화학반응식으로 쓰고, 위의 계수 맞춤 단계에 따라 이 반응식의 계수를 맞추어 보라.

다음 구리줄을 질산은 수용액에 담근 후에 관찰하였더니, 서로 반응하여 용액의 색깔이 변하면서 질산구리 용액으로 변하였고, 구리줄 위에는 은 결정이 쌓였다.

1. 먼저 위의 설명으로부터 반응물과 생성물을 구분하여 화학기호로 쓴다. 이때 그 물질의 상태도 함께 규정에 따라 표시한다. 즉

$$AgNO_3(aq) + Cu(s) = Cu(NO_3)2(aq) + Ag(s)$$

2. 그 다음에 계수를 맞춘다. 원소 (NO_3)에 주목하여 반응물 쪽의 $AgNO_3$에 계수 2를 붙인다. 그러면 Ag가 2Ag가 되므로, 다시 오른쪽의 생성물 Ag에 2를 붙이면 완성된다.

$$즉\ 2AgNO_3(aq) + Cu(s) = Cu(NO_3)2(aq) + 2Ag(s)$$

이렇게 화학반응식의 계수를 맞추는 일은 간단한 식에서는 보통 쉽게 트라이얼-에라 방법으로 할 수 있다. 그러나 화학반응식이 좀 복잡할 경우에는 계수를 맞추는 '미정계수법'이라 하는 보다 확실한 방법이 있으며, 그 방법은 다음과 같다. 그러나 이 방법은 방정식을 몇 개 만들고 풀어야 하는 번거로움이 따른다.

1. 반응물과 생성물의 화학식을 쓰고 그 계수를 a, b, x, y로 나타낸다.

2. 각 원소에 대하여 개수가 같도록 방정식을 만든다.

3. 임의 계수 중에 한 개를 선택하여 1로 하고, 위의 방정식을 이용하여 다른 계수를 구한다.

4. 계수 중에 분수가 있으면, 그 분수를 정수로 만드는 숫자를 곱해서 모든 계수를 정수로 만든다.

예제 16

위에 설명한 미정계수법을 이용하여 아래 화학반응식의 계수를 맞추어 보라.

1. $Fe(s) + O_2(g) = Fe_3O_4(s)$
2. $FeCl_3 + NaCl = Fe(OH)_3 + NaCl$
3. $Fe + H_2O + O_2 = Fe(OH)_3$

몰비(Mole Ratio)의 사용과 계산

화학적 계산에서 몰비는 어떻게 사용하나?

앞에서 배운 바와 같이 계수를 맞춘 화학반응식은 많은 정량적인 정보를 제공한다. 그것은 입자(원자, 분자, 화학식)의 수와 성분들의 몰수 그리고 질량을 서로 연결시켜준다. 예를 들어 만일 한 성분의 몰수를 안다면, 계수를 맞춘 화학반응식은 그 반응에서 다른 성분들의 몰수를 알 수 있게 해준다. 암모니아 생성에 대한 완전한 화학반응식을 다시 살펴보자.

$$N_2(g) + 3H_2(g) \longrightarrow 2NH_3(g)$$

이 식의 가장 중요한 해석은 1몰의 질소가스와 3몰의 수소가스가 반응하면, 2 몰의 암모니아가 만들어진다는 것이다. 이 해석을 근거로 반응물의 몰수와 생성물의 몰수를 연결시키는 비율을 계산할 수 있다. 즉 몰비(mole ratio)는 완성된 화반응식의 계수로부터 몰에 대하여 계산되는 인자다.

　　화학적 양적 계산에서 몰비는 반응물이나 생성물의 이미 알고 있는 몰수로부터 다른 반응물이나 생성물의 몰수를 계산하는 데 사용한다. 즉 위의 완성된 화학반응식에서 나타나는 3가지의 몰비는 아래와 같으며, 각각 해당하는 반응물과 생성물 양의 계산에 쓰인다.

$$1몰\ N_2/\ 3몰\ H_2,\ 2몰\ NH_3/\ 1몰\ N_2,\ 3몰\ H_2\ /2몰\ NH_3$$

화학반응에서 반응물의 몰수–생성물의 몰수 계산

위의 완성된 화학반응식의 의미는 1몰의 N2 가스로, 충분한 수소가스가 있다면, 2몰의 암모니아를 만들 수 있다는 것이다. 그러면 여기서 몰비를 알고 있으면 위의 식에서 3몰의 N_2가스로 생산할 수 있는 암모니아의 몰수를 계산할 수 있다. 다시 말해 NH_3의 N_2에 대한 몰비는 2/1이므로, 6몰의 암모니아를 만들 수 있다.

　　일반적으로 완성된 화학반응식으로부터 몰비, b/a를 알고 있으면, m몰의 반응물, R을 반응시켜서 얻어지는 생성물, P의 몰수는 다음과 같이 계산된다.

$$m몰의\ R \times (b\ 몰의\ P)/(a\ 몰의\ R) = m \times (b/a)\ 몰의\ P$$

　　즉, 주목하는 반응물과 생성물 사이의 몰비에 비례하여 생성물이 만들어진다고 말할 수 있다. 이것은 아주 중요한 개념이며 앞으로의 모든 화학 양론에서 이용된다.

예제 17

5몰의 메테인이 완전 연소하면 물과 이산화탄소가 만들어진다고 한다. 이 때 몇 몰의 물이 생성되겠는가?

1. 먼저 위 질문에 대한 화학반응식을 구성한다.
2. 그다음 그 화학반응식의 계수를 맞춘다.
3. 주목하는 반응물과 생성물(여기서는 반응물인 메테인과 생성물인 물)의 몰비를 구한다.
4. 그리고 주어진 메테인의 몰수에 몰비를 곱하면 물의 몰수를 구할 수 있다.
   위와 같은 단계로 문제를 풀면 다음과 같다.

   1. 주어진 정보로부터 화학반응식을 구성한다. 즉

$$CH_4 + O_2 \longrightarrow CO_2 + H_2O$$

   2. 계수를 맞추면 $CH_4 + 2O_2 \longrightarrow CO_2 + 2H_2O$이 된다.
   3. 따라서 주목하는 H_2O/CH_4의 몰비는 2이다. 이때 반응물과 생성물을 잘 구분해야 한다. 여기서는 구하고자 하는 것이 H_2O이고, 생성물이다.
   4. 주어진 메테인 5몰에 H_2O/CH_4의 몰비, 2를 곱하면 10.0몰의 물이 얻어진다.

화학반응에서 반응물의 질량-생성물의 질량 계산

그러면 화학반응에서 몰수 대신 반응물의 질량을 알고 있을 때는 어떻게 되는가를 알아보자. 이 경우에도 위의 몰비 개념을 사용한다. 그러나 반응물의 양이 몰수 대신 질량으로 주어졌으므로 이 질량을 몰수로 환산하여 사용하면 된다. 몰수의 계산은 1몰의 질량을 말해주는 반응물의 몰질량을 사용해서 질량을 몰수로 환산해서 계산하면 된다. 그런 다음 얻어진 생성물의 몰수를 다시 생성물의 몰질량을 사용해서 질량으로 환산하면 질량-질량 계산이 된다.

프로페인(C_3H_8) 100g이 충분한 산소 중에서 연소하면, 이산화탄소와 물이 생성된다고 한다. 이 때 몇 g의 산소가 필요하겠는가?

1. 먼저 위 문제의 화학반응식을 구성한다. 즉 $C_3H_8 + O_2 = CO_2 + H_2O$이다.
2. 위 식의 계수를 맞추면 $C_3H_8 + 5O_2 = 3CO_2 + 4H_2O$가 된다.
3. 주목하는 성분 $O2/C_3H_8$의 몰비를 계산하면 5이다.
4. 여기서는 C_3H_8이 몰이 아니고 질량으로 주어졌으므로, 먼저 몰수로 변환해야한다. 즉 100g/44.10(g/몰) = 2.267몰이 된다. 여기서 C_3H_8의 몰질량은 44.10이다.
5. 그러면 필요한 산소의 몰수는 2.267몰 × 5(몰비) = 11.335몰의 산소가 필요하다.
6. 따라서 필요한 산소의 질량은 11.335몰 × 32(g/몰) = 362.7g의 산소가 필요하다.

화학반응에서 반응물의 부피-생성물의 부피 계산

다음으로 화학반응에서 몰의 수 또는 질량이 아닌 부피로 알고 있을 때는 어떻게 계산할까? 이런 경우에도 위와 마찬가지 논리로 부피를 몰수로 환산한 후에 몰비를 사용하면 생성물의 부피를 계산할 수 있다. 단지 이 때는 기체 1몰의 상온, 상압에서의 부피가 22.4리터라는 몰부피(molar volume)를 사용하여야 부피를 몰수로 환산할 수 있다. 그런 다음에 얻어진 생성물의 몰수를 부피로 환산하기 위해서는 다시 몰부피를 역으로 사용하면 된다. 여기서는 반응물과 생성물의 몰부피는 22.4 리터로 같다.

  이상과 같이 반응물의 양을 몰수, 질량, 부피로 알고 있으면, 완성된 화학반응식과 몰질량, 몰부피 그리고 몰비를 이용하여 여러 가지 형태의 측정 단위로 환산 가능하다. 즉 반응물질이 고체, 액체, 기체인가에 따라 편리한 방법을 사용하면 된다.

예제 19

벤젠(C_6H_6)가 연소하면 이산화탄소와 물이 생성된다고 한다. 35.6g의 벤젠이 충분한 산소에서 연소시키면, 이산화탄소는 STP에서 몇 L가 만들어지겠는가?

전략을 세우면 먼저 화학반응식을 쓰고, 계수를 맞춘 후에, 벤젠과 CO_2의 몰비를 구한다. 그리고 벤젠 36.5g을 몰수로 변환하고, 벤젠과 CO_2의 몰비를 곱하면 생성되는 CO_2의 몰수를 얻을 수 있다. 그 후에는 STP에서 기체의 몰부피 22.4L를 곱하면 생성되는 CO_2의 부피가 얻어진다. 즉

1. 계수를 맞춘 화학반응식 $2C_6H_6 + 15O_2 = 12CO_2 + 6H_2O$를 만든다.
2. 따라서 CO_2/C_6H_6의 몰비는 6이다.
3. 벤젠의 몰수는 벤젠 35.6g을 몰질량 78.1(g/몰)로 나누면 된다.
4. 따라서 CO_2의 부피 = 35.6g/ 78.1(g/몰) × 6 × 22.4 L/몰 = 61.3L이다.

예제 20

프로페인(C_3H_8) 기체 4.4g과 산소(O_2) 19.2g을 밀폐된 용기에 넣고 완전 연소시켰을 때, 용기 안의 기체의 부피는 몇 배로 증가하겠는가?(단 H, C, O의 원자량은 각각 1, 12, 16이다.)

1. 먼저 문제의 화학반응식을 써서 계수를 맞춘다.
   즉 $C_3H_8(g) + 5O_2(g) \longrightarrow 3CO_2(g) + 4H_2O(g)$

2. 반응에서 전부 소모되는 분자가 어느 것인지 판단한다. 그러려면 프로페인의 몰수와 산소의 몰수를 계산하여야 한다. 프로페인 화학식량은 44g/mol이므로 C_3H_8의 몰수 = 4.4g/44(g/몰) = 0.1몰이고, O_2의 몰수는 19.2g/(32g/몰) = 0.6몰이다. 즉 (프로페인/산소)의 몰비가 위 반응식으로부터 5이고, 주어진 몰비는 6이므로 충분한 산소가 있으므로 C_3H_8은 모두 소모된다.

3. 다음으로 반응 전후의 몰수를 기록해서, 그 비를 구한다.
   즉 반응 전에는 C_3H_8 0.1몰과 O_2 0.6몰이 있었으므로 전부 0.7몰의 기체가 있었다. 그런데 반응으로 C_3H_8는 0.1몰이 완전 소모되어 0몰이 되고, O_2는 0.6몰 중 0.5몰(몰비로부터)이 소모되고 0.1몰이 남았다.
   그런데 반응 후에는 위 반응식의 몰비로부터, 0.3몰의 CO_2와 0.4몰의 H_2O가 만들어진다. 따라서 반응 후에는 전부 0.8몰의 기체가 만들어진다.
   따라서 반응 전과 후의 기체의 부피의 비는 8/7이 된다.

용액의 농도

물에는 여러 가지 물질이 녹아 있으며 자연에서 순수한 물을 찾기란 쉽지 않다. 그리고 어떤 물질이 녹아 있는 물을 수용액(aqueous solution)이라고 한다. 이렇게 용액에서 어떤 입자를 녹이는 물질을 용매(solvent)라고 한다. 그리고 용액에 녹아 들어가는 입자를 용질(solute)이라고 한다. 용매와 용질은 기체, 액체 또는 고체일 수도 있다. 그리고 그 용질이 용매에 녹아 있는 정도를 나타내는 것을 농도(concentration)라고 한다.

그러면 어떤 용액의 농도는 어떻게 정량적으로 나타내는지 방법을 살펴보자. 일반적으로 〈퍼센트 농도〉, 〈몰 농도〉가 있으며 경우에 따라 편리한 방법으로 나타낸다.

퍼센트 농도

퍼센트 농도에는 질량을 기준으로 한 것과 부피를 기준으로 한 것 두 가지가 있다. 질량 퍼센트 농도는 부피 퍼센트 농도와 어떤 차이가 있는 것일까?

만일 용질과 용매가 액체라면 용액을 만드는 데는 용질과 용매의 부피를 재는 것이 질량을 재는 것보다 편리하다. 따라서 퍼센트 농도는 〈부피 퍼센트 농도〉로 나타낸다. **부피 퍼센트 농도는 용액에 대한 용질의 부피의 비율이다.** 예를 들어 알코올이 90부피 퍼센트로 팔린다면, 90mL의 순수한 알코올을 물에 희석시켜 전체 용액을 100mL로 만들면 된다. 그리고 '90부피 퍼센트' 또는 90퍼센트(부피/부피) 아니면 90%(v/v)라고 표기한다. 또는 90v/o으로 나타내기도 한다.

부피 퍼센트[%(v/v)] = (용질의 부피/용액의 부피) × 100%

또 다른 용액의 농도를 나타내는 방법은 〈질량 퍼센트〉이다. 용액의 질량 퍼센트는 용액의 질량에 대한 용질의 질량 비율이다.

질량 퍼센트[%(w/w)] = (용질의 질량/ 용액의 질량) × 100%

또한 이 질량 퍼센트를 용액 100그램에 대한 용질의 그램 수로 나타낼 수도 있다. 질량 퍼센트는 용질이 고체일 때는 편리한 방법이다. 예를 들어 용액 100그램에 염화수소 10g을 포함하는 용액의 농도는 10질량 퍼센트이다.

아마도 음료 라벨에 퍼센트 농도를 표시한 것을 보았을 것이다. 주스 병의 라벨에 '주스 몇 퍼센트 함유'라고 적혀 있으면 그것은 오해를 불러올 수 있다. 용액이 몇 '퍼센트'라고 하면 그것이 부피 퍼센트인지 아니면 질량 퍼센트인지를 명확히 해야 한다. 아래 라벨 그림에서 보듯이 영양정보에 나오는 탄수화물, 당류의 퍼센트는 100mL당 질량 퍼센트이며, 혼합비율에 나오는 성분의 퍼센트는 부피 퍼센트다.

NaOH 10g을 물 500mL에 용해시키면, NaOH 수용액의 질량 퍼센트를 구하라.

먼저 질량 퍼센트는 용액의 질량을 기준으로 하므로, 물 500mL를 질량으로 변환하고, 전체 용액의 질량을 구한다. 즉 이때 용액의 밀도를 고려해서 용매의 질량을 계산해야 한다. 여기서는

1. 물 500g × 물의 밀도(1로 계산) = 500g
2. 질량 퍼센트 = (10g/ 500g + 10g) × 100% = 1.96%(w/w)이다.

몰 농도

화학에서 농도를 나타내는 가장 중요한 방법은 몰 농도(M, molarity)이다. 그 이유는 화학에서는 용액에 녹아 있는 용질의 질량보다 용질의 입자수를 기준으로 화학반응이 일어나기 때문이다. 따라서 퍼센트 농도는 용질의 종류에 따라 그 입자 수에 차이가 나기 때문이다. 예를 들어 설탕 10%의 설탕물과 소금 10%의 소금물에서 각각 녹아 있는 용질의 질량은 10g으로 같지만, 그 입자의 수는 다르다. 그러나 몰 농도는 용액 1L에 녹아 있는 용질의 몰수이기 때문에, 몰 농도가 같으면 녹아 있는 입자 수도 같다. 그러나 몰 농도의 정의는 '용매 1L가 아니고 용질과 용매를 합한 용액'임에 주의해야 한다.

그리고 몰 농도의 단위는 M 또는 mol/L를 사용한다. 즉

$$몰\ 농도(M) = 용질의\ 양을\ 몰로\ 나나낸\ 값(mol)/\ 1리터의\ 용액(L)$$

HCl 10g을 물 200mL에 희석시키면 몇 몰 농도의 염산이 되겠는가?

먼저 HCl 10g을 몰질량 36.5로 나누어 몰수로 변환한다. 그리고 몰농도는(몰수/1L용액의 부피)를 계산하면 된다. 즉 구해진 용질의 몰수를 용액의 L 수로 나누면 된다.

1. HCl의 몰수 = 10g/ 36.5(g/몰) = 0.274몰
2. 몰농도 = 0.274몰/ 0.2L = 1.37M이 된다.

1. 화학의 발전이 인류에 공헌한 예를 의, 식, 주 3가지 관점에서 예를 들어 설명해 보라.

2. 화학의 발전이 인류에게 재앙을 초래한 예를 2가지 들어 설명해보라.

3. 탄소 화합물이 지구상에 왜 흔한지 그 이유를 설명해보라.

4. 탄소 화합물을 이용한 중요한 예를 의, 식, 주 면에서 한 가지씩 말하고, 그 원리를 간단히 설명해보라.

5. 원자량의 정의를 말하고, 원자량이 정수가 아닌 원소도가 왜 있게 되는지 설명하라.

6. 몰(mole)의 정의를 말하고, 몰과 몰수는 왜 전혀 다른가를 설명하라.

7. 원자량과 분자량의 차이를 예를 들어서 설명하라. 그리고 대표입자 개념과의 차이를 말하라.

8. 화학반응식에서 몰비란 무슨 뜻인지 몰수와 관련지어 설명하라.

9. 아보가드로수는 얼마이며, 어떻게 구해졌나? 인터넷 등을 통해 조사해보라.

10. 몰질량, 몰부피, 몰입자수는 무엇인지 각각 설명하라. 그리고 각각 어떻게 서로 변환되는지 설명하라.

11. 실험식은 무엇이며, 어떻게 만들어지는지 설명하라.

12. 골격화학식이란 무엇인지 설명하라.

13. 화학반응식을 만드는 과정을 단계별로 설명하라.

14. 분자식과 화학식은 어떻게 다른가?

15. 화학반응식에서 계수를 맞추는 단계를 예를 들어서 설명해보라.

16. 화학반응식에서 계수를 맞추는 근본적 이유는 무엇인가? 그리고 계수를 맞추면 어떤 이점이 있는지 설명하라.

17. 몰 농도와 퍼센트 농도의 정의를 말하라.

18. 몰 농도를 퍼센트 농도로 변환하는 식을 만들어 보라. 거꾸로도 해보라.

19. 영어로 M과 한글로 몰은 어떻게 다른가? 즉 1M 염산은 무엇이며, 1몰 염산은 무엇인가?

20. 중량 퍼센트와 부피 퍼센트의 차이는 무엇인가?

21. 부피 퍼센트는 어떤 경우에 많이 쓰이나?

1. 어떤 NaCl 용액의 몰농도가 6.0M이라면, NaCl 3몰을 포함하는 용액의 부피는 얼마인가?

   ㉠ 1L   ㉡ 2L

   ㉢ 0.5L   ㉣ 4L

   해설

   이 문제는 몰 농도의 개념을 묻는 것으로, 먼저 용액의 농도가 6.0M이라 함은 용액 1L에 NaCl 6몰이 녹아 있다는 뜻이므로, NaCl 3몰을 가지려면 용액의 부피는 3/6 × 1L = 0.5L가 된다.

2. 어떤 NaOH 용액의 몰농도가 6.0M이라면, 이 용액 2L의 몰농도는 얼마인가?

   ㉠ 3.0M   ㉡ 12.0M

   ㉢ 1.5M   ㉣ 6.0M

   해설

   이 문제는 몰농도의 정의를 확실히 이해해야 한다. 즉 몰농도는 부피가 아무리 커져도 그 농도는 같다. 이것이 농도의 핵심 개념이다. 그러나 부피가 커지면 그 용액에 들어 있는 용질의 몰수는 부피에 비례해서 증가한다.

3. 다음 항목 중에서 온도가 변하면 따라서 변하는 것을 하나 고르시오.

   ㉠ 몰농도   ㉡ 질량 퍼센트 농도

   ㉢ 실험식   ㉣ 몰질량

   해설

   퍼센트 농도는 질량만을 가지고 얻어지는 농도이므로 온도와는 무관하다. 실험식은 화합물에서 각 원소의 질량을 분석하여 그 비율로부터 얻어지는 것이므로 온도와는 무관하다. 그리고 몰질량은 1몰의 질량이므로 온도가 변화해도 변하지 않는다. 그러나 몰농도는 용액 1L에 들어 있는 용질의 몰수로 정의하므로, 온도가 변하여 용액의 부피가 변하면 달라진다.
   즉 질량만으로 정의되거나, 질량만이 관계된 식은 온도와 무관하다는 개념을 기억하면 좋다.

4. 2.5M의 황산구리 용액이 있다. 이 용액으로 0.3M의 황산구리 용액 1.25L를 만들려면 원래 용액을 얼마나 써야 하는지 계산하라.

   ㉠ 0.375L   ㉡ 1.25L

   ㉢ 0.3L   ㉣ 0.15L

이 문제는 좀 헷갈릴 수 있지만 원칙과 정의에 충실하면 매우 간단한 문제이다. 즉 2.5M의 용액이 이미 있고, 이를 이용해서 1.25L의 용액을 만드는데 그 농도를 0.3M로 하고 싶은 것이다. 따라서 원하는 용액을 만들면 그 용액에 들어가 있는 용질의 몰수를 계산한 다음, 그 몰수를 어떻게 원래의 용액으로부터 얻을 수 있는가를 계산하면 된다. 즉 여기서는 0.3몰 × 1.25L(원하는 용액에 들어 있는 용질의 몰수) = 2.5몰 × (필요한 원래 용액의 부피)의 등식이 성립하고, 이를 풀면 된다. 여기서 주의할 점은 0.3M의 용액 1.25L를 만들면, 농도가 0.3M이니까. 이 용액의 황산구리는 0.3몰이라고 착각하면 안 된다. 몰 농도는 1L를 기준으로 하니까 용액의 부피에 해당하는 몰수가 녹아 있다.

5. 0.2M의 소금($NaCl$)물 200mL를 만드는 데 소금(몰질량 58.5g/몰) 몇g이 필요하겠는가?

　⊙ 5.85g　　　　　　　　　　　　　　ⓛ 11.7g

　ⓒ 2.34g　　　　　　　　　　　　　　ⓔ 1.17g

이 문제는 몰농도와 몰질량의 개념을 묻는 것으로 아주 간단하지만, 여기서도 소금물의 양은 농도와는 상관이 없지만, 그 양(또는 부피)은 소금의 몰수에는 비례한다는 것을 잊으면 안 된다. 여기서는 곧장 200mL에 들어 있는 소금의 몰수를 계산하고, 이를 소금의 몰질량을 이용하여 g수로 바꾸면 된다. 즉 0.2mol × 0.2 × 58.5(g/mol) = 2.34g이다.

6. $CaCO_3 + 2HCl \longrightarrow H_2O + CO_2 + CaCl_2$인 화학반응에서 STP에서 3.0L의 CO_2를 생성하는 데 필요한 $CaCO_3$(몰질량 = 100)의 질량(g)을 계산하는 데 필요하지 않은 과정은 어느 것인가?

　⊙ CO_2의 몰수를 CO_2의 g수로 바꾼다.

　ⓛ CO_2와 $CaCO_3$의 몰비를 계산한다.

　ⓒ $CaCO_3$의 몰질량을 이용한다.

　ⓔ STP에서 기체 CO_2 1몰의 부피는 22.4L이다.

7. 어떤 물질의 실험식이 CH_2라고 한다. 그리고 이 물질의 몰질량이 83.5로 얻어졌다면, 이 화합물의 가능성이 가장 높은 화학식은 무엇이겠는가.

　⊙ C_2H_4　　　　　　　　　　　　　　ⓛ C_6H_{12}

　ⓒ C_4H_2　　　　　　　　　　　　　　ⓔ $C_6H_1O_1$

8. 인산 칼륨 K_3PO_4의 칼륨의 질량 퍼센트는 얼마인가?

$$K = 39.1amu, P = 31.0amu, O = 16amu$$

　⊙ 55.3%　　　　　　　　　　　　　　ⓛ 29.2%

　ⓒ 18.4%　　　　　　　　　　　　　　ⓔ 14.6%

9. $2AgNO_3 + CaCl_2 \longrightarrow 2AgCl_2 + Ca(NO_3)_2$의 화학반응에서 20.0g의 AgNO3(몰질량 = 170g/mol)이 15.0g의 $CaCl_2$(몰질량 = 111g/mol)와 반응하면, 어떤 물질이 몇 g 남겠는가?

    ㉠ 8.47g의 $CaCl_2$　　　　　　　　㉡ 45.9g의 $CaCl_2$

    ㉢ 6.53g의 $CaCl_2$　　　　　　　　㉣ 6.53g의 $AgNO_3$

10. 공기 중에서 메테인 1.00을 태우기 위해서는 공기(20% 산소)가 얼마나 필요하겠는가?

$$CH_4 + 2O_2 = CO_2 + 2H_2O$$

    ㉠ 22.4L　　　　　　　　㉡ 44.8L

    ㉢ 224L　　　　　　　　㉣ 11.2L

11. 수소 25%와 탄소 75%로 이루어진 화합물의 실험식은 어느 것이 될 가능성이 있나?

    ㉠ CH　　　　　　　　㉡ CH_2

    ㉢ CH_4　　　　　　　　㉣ C_2H_6

정답

1. ㉢ 2. ㉣ 3. ㉠ 4. ㉣ 5. ㉢ 6. ㉠ 7. ㉡ 8. ㉠ 9. ㉠ 10. ㉣ 11. ㉢

제2장

2 원자의
세계

원자의 구조와 원자 모델

물질에 대한 인류의 생각은 어떻게 변하였나?

고대의 그리스 철학자들은 물질에 관해서 설명하고자 하였으나, 그것은 단지 철학자들의 생각일 뿐 실험으로 증명되지는 못했다. 원자에 관한 과학적인 연구는 1800년대 초에 돌턴으로부터 시작되었다. 그 후 지난 200년 동안 원자의 여러 모델이 진보된 실험 장비와 더불어 검증되었으며, 또한 새로운 데이터가 수집되면서 그 모델들이 수정되었다. 그러면 고대의 그리스 철학자들은 물질에 대해 어떻게 생각했으며, 그 쟁점은 무엇이었나를 살펴보자.

고대 그리스 철학자들의 생각은 무엇이었나?

현재 우리가 알고 있는 과학은 수천 년 전에는 없었다. 이러한 상황에서는 깊은 통찰력만이 진실로 가는 유일한 방법이었다. 즉 호기심이 철학자라고 부르는 일부 사람의 관심을 자극하였다. 그들은 물질의 성질에 대해서 상상하였으며, 많은 철학자가 그 당시로서는 획기적인 아이디어와 철학적인 설명을 하였다.

아리스토텔레스와 데모크리토스의 충돌

즉 철학자의 집단과 그를 추종하는 보통 사람들은 물질은 아래 그림에서 보는
바와 같이 흙, 물, 공기 그리고 불로써 이루어져 있다고 믿었다.

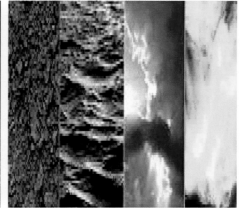

그리고 아래 그림의 사과 쪼개기에서 볼 수 있듯이 물질은 한없이 점점 작은
조각으로 쪼갤 수 있다고 생각했다. 이러한 초기의 생각은 창의적이긴 했지만
입증할 방법은 없었다.

그리스의 철학자 데모크리토스(Democritus, B.C. 460-370?)는 물질은 끝없
이 쪼갤 수 없다는 아이디어를 제시한 첫 번째 사람이었다. 그는 물질은 원자,
atomos(후에 영어로 atom이 됨)라고 하는 아주 작은 개개의 입자로 이루어져 있다
고 믿었다. 그리고 데모크리토스는 원자는 창조될 수 없으며, 파괴될 수도 없고, 또한 더
이상 쪼갤 수도 없다고 믿었다. 즉 원자의 존재를 주장하는 〈입자설〉을 처음으로 제시하였다.

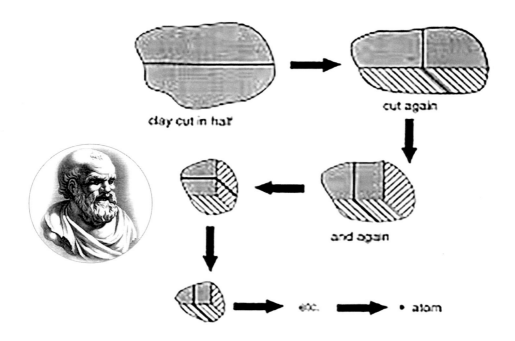

　데모크리토스의 아이디어 중에 많은 부분이 현대적인 원자이론과 일치하지는 않지만, 그의 〈원자의 존재〉에 대한 믿음은 그 시대를 앞서가는 놀라운 것이었다. 그러나 그의 아이디어는 다른 철학자로부터 "무엇이 그 원자들을 뭉쳐있게 하는가?"라는 비판을 받았고, 데모크리토스는 그에 대한 대답을 할 수 없었다.

　그리스의 영향력 있는 철학자, 아리스토텔레스(Aristotle, B.C. 384-322) 역시 그러한 데모크리토스를 비판했다. 그는 자연에 대한 그의 생각과 합치하지 않는 원자 개념을 반대하였다. 그의 주된 비판은 "원자가 빈 공간을 움직인다."라고 하는 것이었다. 아리스토텔레스는 빈 공간이 존재한다고 믿지 않았다. 아리스토텔레스의 생각은 크게는 두 가지이다. 즉 빈 공간은 존재하지 않고. 모든 물질은 흙, 불, 공기와 물로 이루어져 있다는 것이다. 그 당시 아리스토텔레스는 그리스에서 가장 영향력이 있는 철학자이었으므로 데모크리토스의 이론은 결국 받아들여지지 않았다.

　그 당시에는 무엇이 원자들을 묶어둘 수 있는지 아는 사람은 아무도 없었기 때문에 데모크리토스의 생각은 반대에 부딪혔다. 즉 데모크리토스의 생각은 그저 생각일 뿐이지, 실험을 할 수 없었기 때문에 자신의 아이디어의 가치를 증명할 수 없었다. 과학자들이 그 답을 찾는 데는 2천 년 이상이 걸려야 했다.

과학의 발전을 위해서는 불행한 일이었지만 당시에는 원자의 존재를 부정하는 아리스토텔레스의 〈연속설〉은 널리 인정될 수 있었다. 그 당시에 아리스토텔레스의 영향은 너무 크고, 과학의 발전은 너무 느렸기 때문에 그의 연속설은 그 후 2천년 동안 도전받지 않았다.

돌턴의 원자설은 데모크리토스의 생각과 비슷했다

비록 원자의 개념이 18세기에 되살아났지만, 괄목할 만한 진전이 있기까지는 다시 100년이 걸렸다. 즉 영국의 과학자 돌턴(J. Dalton, 1766-1844)은 실험으로 데모크리토스의 아이디어를 되살리고 개선했다. 돌턴의 생각은 여러 면에서 데모크리토스와 비슷했다. 돌턴은 여러 실험을 통해서 데모크리토스의 아이디어를 입증하였다.

그는 많은 화학반응을 연구하는 과정에서 세심하게 관찰하고 측정하였다. 그리고 그는 그 화학반응에 관여한 원소들의 무게 비율을 계산할 수 있었다. 그의 연구 결과는 1803년에 발표된『돌턴의 원자설』로 알려져 있다. 돌턴은 그의 아이디어를 책에 실었고, 그중 핵심적인 이론 4가지는 다음과 같다.

1. 모든 물질은 원자라는 더 이상 쪼갤 수 없는 작은 입자들로 이루어져 있으며, 이 원자는 생성되거나 소멸되지 않는다.
2. 동일한 원소의 원자는 질량과 성질이 같고, 다른 원소는 질량과 성질이 다르다.
3. 어떤 화학반응에서 원자는 단지 재배열 될 뿐이지, 다른 원소로 바뀌거나 없어지지 않는다.

4. 화합물은 각 성분의 원자들이 일정한 비율로 결합하여 이루어진다.

위와 같이 돌턴의 원자설은 현대의 원자모델의 시작이었을 뿐 현대의 원자모델은 계속 진보하였다. 아래 그림에 돌턴의 원자설 이후의 현대의 원자모델까지의 진보가 나타나있다.

돌턴의 생각의 오류는 무엇인가?

질량보존의 법칙은 질량은 화학공정과 같은 어떤 공정에서도 보존된다는 것이다. 돌턴의 원자이론은 화학반응에서의 질량의 보존은 원자의 분리, 결합 또는 재정렬의 결과이며, 생성이나 소멸하지 않고 또한 분리되지 않는다는 것이다.

원소가 결합해서 생긴 화합물과 그 과정의 질량보존에 대한 것이 아래 그림에 나타나 있다. 각각 원자의 숫자는 반응 전과 후에 동일하다. 돌턴의 믿을 만한 실험 증거와 화합물의 조성에 대한 명확한 설명과 함께 질량의 보존이 그의 원자이론을 일반적으로 받아들여지게 하였다.

돌턴의 원자이론은 물질에 대한 현재의 원자모델을 향한 거대한 발걸음이었다. 그러나 돌턴의 이론이 모두 정확한 것은 아니었다. 과학 분야에서 흔히 있는 일이지만, 설명할 수 없었던 추가 정보를 얻음에 따라 돌턴의 이론은 수정되어야만 했다. 즉, (1) '원자는 쪼개질 수 없다'라는 돌턴의 주장은 틀렸다. 원자는 몇 개의 소립자로 쪼개질 수 있다.

그리고 (2) 돌턴이 주장한 '어떤 한 원소의 모든 원자는 동일한 성질을 갖는다'라는 주장도 틀렸다. 같은 원소의 원자도 약간 다른 질량을 가질 수 있다.

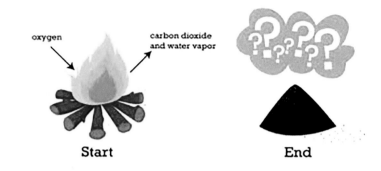

원자는 어떻게 이루어져 있나?

원자는 아래 그림과 같이 양자와 중성자를 포함하고 있는 핵과 그 핵 주위를 회전하는 전자들로 이루어져 있다. 또한 복숭아와 같이 그 중심에 씨가 있고 그 주위에 복숭아 살이 있듯이, 원자 안에는 핵이 있고 그 주위에 전자들이 존재한다는 것이 현대의 원자모델이다.

원자의 의미와 크기

돌턴 시대 이후로 많은 실험을 통해 원자가 정말로 존재한다는 것을 증명했다.

그러면 원자의 진정한 정의는 무엇일까? 검은 숯을 가루로 만든다고 상상해 보자. 숯가루의 각 조각은 아직도 숯의 모든 성질을 갖고 있다. 이것이 가능하다면 그 숯가루를 점점 더 작은 입자로 쪼갤 수 있을 것이다. 결국에는 숯의 성질을 아직 지니고 있지만, 더 이상 쪼갤 수 없는 입자와 만나게 될 것이다. 즉 그 원소의 성질을 갖고 있는 가장 작은 입자를 우리는 〈원자〉라고 부른다.

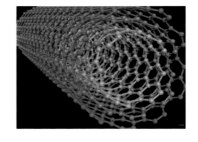

숯가루   탄소 섬유

아래 그림은 원자의 크기를 눈으로 확인할 수 있게 하는 한 예이다. 원자를 사과만 한 크기로 부풀렸다고 상상해보자. 원자와 사과의 실제 크기의 비율을 지키려면, 이 사과를 지구만 한 크기로 만들어야 한다. 이 예로부터 우리는 원자가 얼마나 작은지를 알 수 있다.

원자는 너무 작아서 볼 수 있는 방법이 없을 것으로 생각할 수 있으나, 현대

에 와서 개발된 주사터널현미경(STM)으로는 개개의 원자까지도 볼 수 있고, 개개의 원자를 이동시킬 수도 있게 되었다. STM의 원리를 간단히 살펴보자. 즉 아주 미세한 침이 시료의 표면을 따라 움직이고, 그 침과 표면원자의 상호작용이 전기적으로 기록되는 것이다.

아래 그림은 STM으로 관찰된 개개의 원자를 보여준다. 과학자들은 현재 개개의 원자를 움직여서 어떤 모양, 문양 또는 간단한 기계까지도 만들 수 있다. 이러한 능력은 나노테크놀로지라는 흥미로운 새로운 분야를 열었다. 나노테크놀로지는 분자제작기술(분자 크기의 기계를 원자의 층 단위로 쌓기)을 가능하게 한다. 여러분들은 앞으로 읽게 되겠지만 분자란 원자들이 서로 결합된 집합체이며 한 단위로서 활동한다.

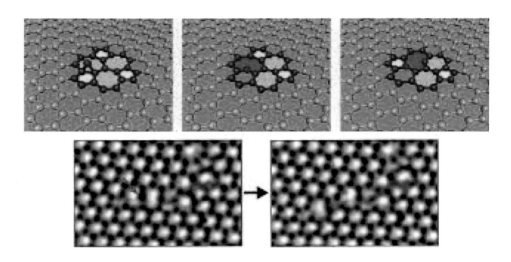

전자의 존재는 어떻게 알게 되었나?

과학자들이 원자의 존재를 확인한 이래로 새로운 질문이 제기되었다.
즉 원자란 무엇인가? 원자의 구성 물질은 일정한가? 아니면 원자보다 더 작은 입자로 구성되어 있나? 하는 의문이었다. 이를 알아내기 위해 많은 과학자가 1800년대부터 연구했지만. 그로부터 100년이 지난 1900년이 되어서야 그 중 일부의 질문에 대한 답만을 얻었다. 그러면 원자와 전자의 존재를 확인한 과정에 대해서 살펴보자.

음극선과 전자의 발견

과학자들은 원자에 대해 알아감에 따라 물질과 전하 사이의 관계를 연구하기 시작했다. 예를 들어 머리카락이 빗에 달라붙는 것을 경험했을 것이다. 과학자들은 이 원리를 이해하려고 물질이 없는 경우에는 전기가 어떻게 행동하는가를 알아보려고 했다. 즉 그들은 새롭게 개발된 진공펌프의 도움으로 대부분의 공기가 제거된 진공으로 된 유리관 안으로 전기를 흘렸다. 이러한 관을 음극선관이라 한다.

즉 영국의 물리학자 크룩스 경(W. Crooks)은 암실에서 일하던 중에 음극선관 안에서 섬광을 보게 되었다. 초록색의 섬광이 관의 끝에 도포된 황화아연과 부딪쳐서 방사 형태로 발생하였다. 더 많은 연구를 한 결과로 그는 관을 관통하는 방사선이 있음을 알았다. 이 선은 음극으로부터 나와서 양극으로 진행하였으며 이를 음극선이라 불렸다. 이렇게 우연히 발견된 음극선은 현대에 와서 텔레비전의 발명으로까지 이어졌다.

전형적인 음극선관의 개념도가 아래 그림에 나타나 있다. 금속 전극이 관의 양 끝에 있고, 여기에 전원을 연결하였다. 전원의 마이너스 단자에 연결된 전극을 음극이라고 부르고, 양전하를 가진 플러스 단자에 연결된 전극을 양극이라고 부른다. 여기에 작은 구멍을 뚫어 음극선이 형광판에 닿도록 하였다.

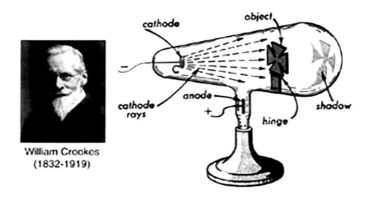

William Crookes
(1832-1919)

크룩스를 비롯한 과학자들은 음극선관을 이용해서 연구를 계속하여 1800년 말에는 아래와 같은 두 가지 사실에 대해 확신하게 되었다.

1. 음극선은 대전된 입자들의 선이다.
2. 그 입자들은 음전하를 갖고 있다.

왜냐하면 아래 그림과 같이 음극선이 통과하는 부분에 전기장을 걸어주면 양극판 쪽으로 휘는 것이 관찰되었으므로 이 선은 음전하로 대전된 것도 확신하게 되었다.

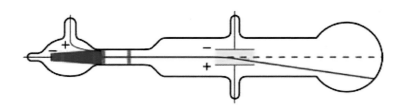

또한 아래 그림과 같이 음극선관 안에 음극선이 나오는 부분에 작은 바람개 비를 놓아두면 그 바람개비가 도는 것이 관찰되었고, 형광판 앞에 판을 세워두 면 그림자가 생기는 것도 관찰되었다. 과학자들은 이를 근거로 음극선은 입자들

로 이루어진 선이라는 것이 확신하게 되었다.

또한 음극선관 전극의 금속을 바꾸거나 그 안의 기체를 변화시켜도 음극선에는 영향을 주지 않았기 때문에, 모든 물질에서 음전하 입자가 나오는 것으로 결론지었다. 따라서 모든 형태의 물질에서 나오는 음전하로 대전된 입자를 오늘날의 〈전자〉라고 명명하였다.

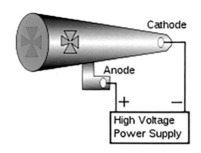

톰슨의 질량대비 전하량(e/m) 측정의 의미

앞에서 간략하게 설명한 대로 톰슨은 자기장과 전기장의 음극선에 대한 영향을 면밀하게 측정함으로써, 대전 입자의 질량 대비 전하량(e/m)을 결정할 수 있었다. 그리고 그는 그 비율을 이미 알려진 다른 비율과 비교하였다. 톰슨은 대전입자의 질량이 가장 가벼운 원자인 수소 원자의 질량보다 아주 작다고 결론지었다.

그의 결론은 원자보다 작은 입자가 존재한다는 사실 때문에 매우 충격적이었다. 다시 말하면 돌턴이 틀렸다는 것이다. 즉 원자보다 더 작은 입자로 쪼개질 수 있다는 것이다. 달론의 원자론은 너무 널리 받아들여졌고, 톰슨의 이론은 너무 혁명적이었음으로, 많은 과학자가 이 새로운 발견을 받아들이기가 어려웠다. 그러나 톰슨이 옳았다. 그는 처음으로 원자보다 작은 입자 즉 전자의 존재를 증명한 것이다. 그는 이 발견으로 1906년에 노벨상을 받았다.

밀리컨은 오일낙하 실험으로 전자의 전하량을 측정했다

다음으로 의미 있는 진보는 미국의 밀리컨(R. Millikan, 1868~1953)이 아래 그림에 나타낸 것과 같이 오일낙하 실험으로 전자의 질량을 측정함으로써 이루어 졌다. 이 장치는 체임버 안에서 두 개의 대전된 평행판 위에 오일을 분사시키 는 것이다. 위 판에는 오일이 낙하할 수 있는 작은 구멍을 한 개 뚫어 놓았다. x선은 두 판 사이의 공기 입자로부터 전자를 떼어내고, 전자는 그 오일 낙하물 에 달라붙어서 음으로 대전된다. 그리고 밀리컨은 전장의 세기를 변화시켜서 오일 낙하물의 떨어지는 양을 조절할 수 있었다.

이 실험으로 각 낙하물의 전하량이 일정한 단위로 증가함을 확인하였고, 가장 작은 전하 의 단위 증가량이 1.602×10^{-19} 쿨롱임을 확인하였다. 그는 이 숫자가 전자의 전하량이라고 규정하였다. 이 전하량은 나중에 1- 이라고 하는 음전하의 기본 단위와 같음이 밝 혀졌다. 다른 말로 하면 한 개의 전자는 1-의 전하를 가진다는 것이다. 밀리컨 의 실험장치와 기술은 매우 훌륭해서, 그가 백여 년 전에 측정한 전하량은 현재 에 받아들여지고 있는 값에서 1% 미만의 차이밖에 나지 않는다.

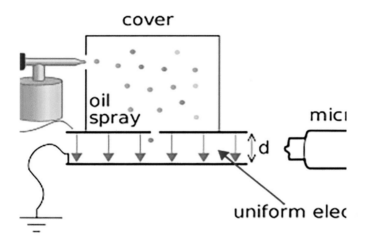

전자의 전하량과 질량은 어떻게 측정되었나?

여러 가지 음극선관의 실험이 진전되었어도, 이 음극선 입자의 질량을 알지는 못했다. 드디어 1890년대 말에 영국의 과학자, 톰슨(J. Thomson, 1856~1940)은 질량 대비 전하량을 측정하는 음극선관 실험을 시작하였다. 즉 음극선이 휘는 것을 전기장을 적절히 조절하여 직선으로 만들 수 있었다. 톰슨은 이것과 자기장만을 가하면 음극선이 원운동을 하는 것을 이용하여, 과학에서 매우 중요한 상수인 e/m 값을 측정할 수 있었다. 즉 e/m = 1.7588×10^{11}C/kg을 얻었다. 아래 그림에 톰슨의 음극선에 자기장과 전기장을 걸어서, 음극선을 직선으로 만드는 실험 개념도가 나타나 있다.

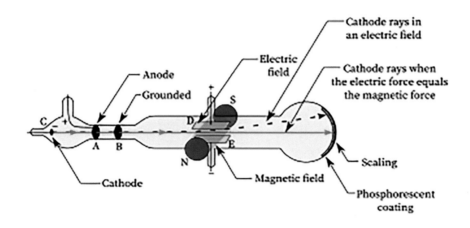

그 후에 밀리컨은 유명한 〈오일 낙하실험〉을 하여 전자의 전하량을 측정하는데 성공하여, e = 1.592×10^{-19} 쿨롱(Coulomb)이 측정되었다. 전자의 전하량을 알았기 때문에, 밀리컨은 이미 알려진 질량대비 전하량(e/m)을 이용하여 전자의 질량을 계산할 수 있었다. 즉 m_e = 9.1×10^{-31}kg인 전자의 질량을 계산할 수 있게 되었다. 이 값은 수소원자 질량의 1/1840이다.

톰슨의 푸딩모델에는 핵이 없다

전자의 존재와 그 성질에 대한 지식은 원자의 속성에 대하여 새로운 흥미로운 질문을 제기하였다. 그것은 "물질은 중성이다"라는 것이다, 즉, 물질은 전하를 띄지 않는다는 것이다. 물질은 중성이라는 것을 일상의 경험으로 알고 있다. 어떤 물체를 만지면 특별한 경우를 제외하고는 전기 쇼크를 받지 않는다. 만일 전자가 모든 물질을 이루고 있으며 음전하를 띄고 있다면, 어떻게 모든 물질이 중성이 되겠는가? 또한 전자의 질량이 그렇게 작으면, 전형적인 원자의 나머지 질량은 무엇으로 설명할 수 있겠는가?

이러한 질문에 대답하고자 톰슨(J. thomson)은 '푸딩(pudding) 모델'이라는 원자 모델을 제안하였다. 아래 그림에서 보듯이 톰슨의 모델은 균일하게 분포된 양전하로 이루어진 원구상의 원자 안에 음전하를 가진 전자가 박혀 있다는 것이다. 앞으로 곧 알게 되겠지만 이 푸딩 원자모델은 오래 가지 않았다.

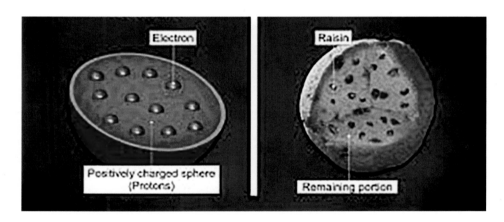

러더퍼드의 금박충돌 실험에서 무엇이 밝혀졌나?

1911년경에 러더퍼드(E. Rutherford, 1871-1937)는 양으로 대전된 알파입자(방사선 입자)가 어떻게 고체 물질과 상호작용하는가를 연구하기 시작했다. 러더퍼드는 알파입자가 금으로 된 얇은 박막을 통과하면 휘어지는가를 알아보는 실험을 하였다. 알파입자란 헬륨(He)원자에서 전자 2개를 떼어낸 He^{2+}로 방사선 물질에서 방출되는 입자이다.

러더퍼드의 실험에서는 알파입자의 가느다란 선을 금박에 조준하였다. 알파입자가 금박을 둘러싼 황화아연으로 코팅된 스크린에 부딪치면 섬광을 만들어냈다. 과학자들은 그 섬광이 어디에 나타나는지를 앎으로써 금박안의 원자가 알파입자를 휘게 하는지 알 수 있었다.

러더퍼드는 톰슨의 '복숭아 푸딩' 모델을 알고 있었다. 그는 질량이 크고 빠르게 움직이는 알파입자는 전자와 충돌하여 그 경로가 조금만 변할 것으로 기대했다. 더욱이 금(Au) 원자 안에는 양전하가 균일하게 분포되어 있기 때문에 알파입자의 경로를 변화시키지는 못할 것으로 예상했다.

그러나 실제의 실험 결과는 대부분의 알파입자는 금박을 통과하여 반대편 형광판에 부딪혔으나, 예상과는 달리 일부 알파입자는 아래 그림과 같이 큰 각도로 편향되었다. 또한 몇 개의 입자들은 거꾸로 향하여 알파입자를 쏜 곳으로 되돌아오기도 하였다. 러더퍼드는 이러한 실험 결과는 톰슨의 푸딩 모델에서는 일어날 수 없는 것이라 생각했고, 그것은 사실임이 밝혀졌다. 이 실험이 원자핵 발견의 시작이었다.

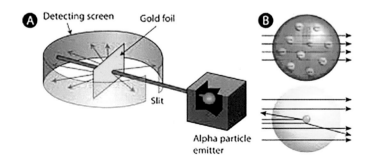

러더퍼드의 원자 모델

러더퍼드는 톰슨의 '복숭아푸딩' 모델이 틀렸다고 결론지었다. 왜냐하면 이 모델은 금박 실험의 결과를 설명하지 못했기 때문이다. 러더퍼드는 알파입자와 전자의 특성 그리고 편향의 빈도를 고려하면, 원자는 대부분 빈 공간으로 되어 있으며 그 사이를 전자들이 움직인다고 생각하였다. 그는 또한 원자의 대부분의 양전하와 모든 질량은 원자 중심에 있는 아주 작고 조밀한 영역(핵)에 포함되어 있다고 결론지었다. 음전하를 가진 전자들은 양전하를 가진 핵에 끌리어 원자 안에 있다고 생각했다.

핵은 아주 작은 공간을 차지하지만 원자의 대부분의 질량을 갖고 있기 때문에, 그 핵은 믿을 수 없을 만큼 조밀하다. 전자가 움직이는 공간은 핵의 부피에 비하면 엄청나게 크다. 보통 원자의 직경은 원자핵의 직경의 대략 10,000배이다. 즉 러더퍼드의 실험에서는 핵과 양전하인 알파입자 사이에 생긴 척력이 위 그림의 왼쪽과 같이 알파입자가 휘어지는 현상을 야기한 것이다. 이로부터 핵의 존재와 핵이 양전하를 가진 것이 확인되었다.

위 그림은 러더퍼드의 핵원자 모델이 어떻게 금박실험을 설명할 수 있는지 설명해준다. 또한 러더퍼드의 핵 모델은 물질이 중성이라는 것도 설명한다. 즉 핵의 양전하와 전자의 음전하가 균형을 이루는 것이다. 그러나 이 모델도 원자의 질량에 대한 모든 것을 설명해주지는 못했다. 러더퍼드의 원자핵 모델이 아래 그림에 나타나 있다.

보아(N. Bohr)도 비슷한 시기에 모델을 발표하였는데, 즉 전자들은 핵 주위를 일정한 원형 궤도(orbit)에서 돌고 있으며, 핵과는 일정한 거리를 두고 있다고 하였다. 또한 원자가 에너지를 흡수하거나 방출하면 어떻게 변하는지를 제안하였다. 즉, 각 궤도는 정해진 에너지를 갖고 있고, 원자가

에너지를 흡수하면 그 궤도를 바꾼다고 하였다. 아래 그림에 보어의 원자핵 모델이 나타나 있다. 이 보아의 원자모델은 러더퍼드의 모델보다 진보한 모델이었으며 현대적 원자모델의 시작이다.

보아의 원자궤도 모델은 현대적 원자 모델의 시작이다

보아는 아래 그림에서 보듯이 태양을 중심으로 위성이 돌듯이, 전자가 원자핵을 중심으로 돈다는 혁명적인 개념이었다. 이 원자 모델은 전자가 특정한 일정한 궤도에 갇혀서 돈다는 것이다. 고전 물리학에서 나오는 n번째 궤도의 에너지를 이용하면,

$$E_n = -2\pi^2 me^4/n^2h^2 = -2.178 \times 10^{-18}/n^2 joule 이 된다.$$

여기서 m은 전자의 질량, e는 전자의 전하량, h는 플랑크(Planck)상수이며, n은 궤도가 몇 번째인지 말해준다. 나중에 이 n이 주양자수임이 밝혀졌다.

보아의 모델에서는 아래 그림과 같이 전자가 본래의 궤도보다 낮은 n으로 움직이면, 원자로부터 빛의 형태로 에너지가 방출된다는 것이다. 반대로 낮은 궤도에서 높은 궤도로 올라가려면, 에너지가 필요하다. 두 궤도의 에너지 차이는 일정하고, 궤도를 낮출 때 방출되는 에너지는 궤도를 높일 때 필요한 에너지의 양과 같다. 원자에서 빛의 방출로 생기는 선-스펙트럼은 전자가 여기된 상태에서 낮은 궤도로 떨어지는 것을 나타낸다.

방출되는 에너지는 윗 식을 이용하면 계산할 수 있다. 즉 n = 4에서 n = 2로 떨어진다면, $\Delta E = E_2 - E_4$가 된다. 여기서 $\Delta E > 0$ 이면, 에너지가 필요한 것이고, $E < 0$이면 에너지를 방출하는 것이다. 이러한 에너지 방출 및 흡수는 앞으

로 설명하는 원자의 이미션 스펙트럼의 발머 시리즈 등과 같은 것이다.

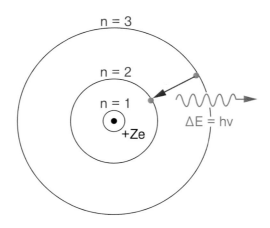

지금까지 돌턴의 원자설로부터 톰슨의 푸딩 모델, 러더퍼드의 원자핵 모델, 그리고 보어의 전자궤도 모델에 이르기까지 원자에 대한 과학자들의 모델을 살펴보았다. 현재에는 원자의 양자역학 모델이 받아 들여지고 있으나 이 모든 것은 모델일 뿐이며, 앞으로도 변할 수 있다. 아래 그림에 이러한 원자 모델의 변천을 나타냈다.

보아는 원자의 크기는 어떻게 계산했나?

보안는 전자의 모멘텀(질량 × 속도)은 전자의 궤도에 관련된다고 생각했다. 그래서 다음 식을 이용하였다. 즉 $mv = nh/2\pi r$ 식에 $n = 1$을 적용해서 $r = 53$

pm을 계산하고, 이를 수소 원자의 보아 반경이라고 한다. 그러면 다른 궤도의 반경은 이 보아 반경의 정수배가 된다고 하였다. 이 이론적인 값은 수소 원자의 크기를 말하고 실험적으로 얻은 값과 비교해서 합리적인 값임이 확인되었다.

양성자와 중성자

1920년까지 러더퍼드는 핵에 대한 개념을 정리하여 핵은 양성자라고 하는 양전하를 가진 입자로 되어 있다고 결론지었다. 〈양성자〉는 전자와 반대되는 전하를 가진 아원자이다. 즉 양성자는 1 + 전하를 가지고 있다고 하였다. 1932년에 러더퍼드의 동료인 영국의 물리학자 채드윅(J. Chadwick, 1891~1974)은 핵은 중성자라고 하는 또 다른 아원자 입자(subatomic particle)를 포함한다고 하였다. 그리고 중성자는 양성자와 거의 같은 질량을 가졌지만 전하는 띄지 않는다고 하였다. 왜냐하면 러더퍼드는 헬륨 원자의 전하량은 양성자의 두배인 데 비하여, 그 질량은 네 배라는 것을 발견하여, 원자핵 안에는 전기를 띄지 않는 중성자의 존재를 예측할 수 있었다. 그리고 1955년에 채드윅은 실제로 베릴륨(Be)에 알파입자가 충돌시켜, 전하를 띄지 않는 입자, 즉 중성자의 존재를 증명하여 노벨 물리학상을 받았다.

원자 모델의 완성

모든 원자는 전자, 양성자 그리고 중성자라고 하는 세 가지 아원자 입자로 되어 있다. 원자는 조밀한 양전하를 가진 핵이 음전하를 가진 몇 개의 전자로 둘러싸여 있는 공 모양으로 되어 있다. 대부분의 원자는 핵 주위의 공간을 빠르게 움직이는 전자들로 구성되어 있다. 전자들은 반대의 전하를 가진 핵에 당겨져 원자 내에 갇혀 있다. 핵은 중성의 중성자와 양전하의 양성자로 구성되어 있고, 원자의 모든 양전하를 갖고 있으며 원자 질량의 99.97%를 차지하고 있다. 그러나 핵은 단지 원자의 1/10,000의 부피를 차지하고 있다. 원자는 중성이기 때문에 핵 안에 있는 양성자의 개수는 핵 주위를 도는 전자의 개수와 같다. 아래 그림에 채드윅의 원자모델이 나타나 있다

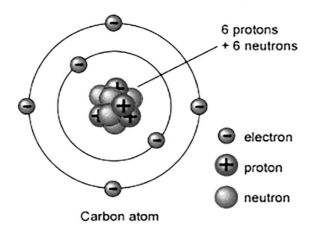

Carbon atom

아원자입자에 대한 연구는 현대의 과학자들에게 아직 주된 관심사이다. 사실 과학자들은 양자와 중성자도 그들 고유의 구조를 갖고 있다고 하였다. 그들은 '쿼크(quark)'라고 하는 초입자로 구성되어 있다. 이것에 대해서는 아직 잘 이해하지 못하고, 또 어떻게 화학작용을 하는지 모르기 때문에 여기서는 설명하지 않는다. 앞으로 배울 모든 화학작용은 원자의 전자만을 고려하여 설명할 수 있다.

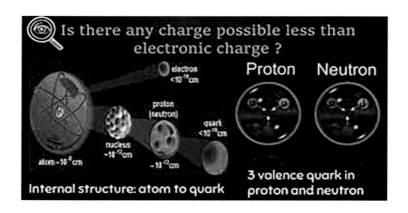

1. 그리스의 철학자 데모크리토스와 아리스토텔레스의 생각에 제일 큰 차이점은 무엇인가?

2. 아리스토텔레스가 데모크리토스의 생각을 반대한 핵심 내용은 무엇인가? 그리고 데모크리토스는 그에 대해 반박할 수가 없었는가?

3. 아리스토텔레스의 물질에 대한 기본 생각은 무엇인가?

4. 돌턴은 데모크리토스와 비슷한 생각을 하였는데 그것은 무엇인가?

5. 현대의 원자 모델에 비추어 돌턴의 원자설에서 틀린 두 가지는 무엇인가?

6. 돌턴의 생각이 틀린 것은 무엇이며, 이는 어떤 실험으로 알 수 있었나?

7. 음극선관 실험에서 밝혀진 사실은 무엇이며, 그것은 어떤 실험 결과로 알 수 있었나?

8. 음극선과 실험에서 나오는 선이 음으로 대전된 사실은 어떻게 알게 되었나?

9. 음극선관 실험에서 양극과 음극의 재료를 다른 재료로 바꾸면 어떤 일이 생기겠는가?

10. 음극선관 실험에서 음극선이 나오는 부분에 작은 바람개비를 놓아두면 어떤 일이 생기겠는가?

11. 음극선관 실험에서 음극선이 나오는 부분을 자석으로 둘러싸면 무슨 일이 생기겠는가?

12. 밀리컨의 유적낙하 실험에서 유적 낙하물의 전하량이 어떤 값의 일정한 배수로 증가한 사실은 무엇을 의미하는가?

13. 전자의 질량은 어떻게 측정될 수 있었나?

14. 톰슨의 푸딩 모델은 누구의 어떤 실험 결과로 틀리다는 것이 입증되었나?

15. 원자핵이 단지 한 가지 양으로 대전된 입자로만 이루어지지 않는다는 것은 어떻게 알게 되었나?

16. 알파 입자란 무엇을 말하는가?

17. 톰슨의 모델이 맞는다면 러더퍼드의 음극선관 실험애서 예상되는 음극선의 경로는 어떻게 되나?

18. 러더퍼드의 모델은 보아 모델에 비해서 어떤 취약점이 있나?

19. 보아의 원자 모델은 현재의 양자역학 모델과 무엇이 다른가?

20. 현대의 원자 모델 탄생의 기본 개념은 어디서 나왔는가?

원자들은 왜 그리고 어떻게 다른가?

원자 번호는 어떻게 정해지나?

주기율표에 나타난 것과 같이 원소는 110개가 넘게 존재한다. 무엇이 한 원소가 다른 원소와 다르게 만드는 것일까?

라더포드의 금박 실험 후에 영국의 과학자 모슬리(H. Mosley, 1887-1913)는 각 원소의 원자는 그 핵 안에 고유한 값의 양전하를 갖고 있다는 것을 발견하였다. 그래서 어떤 원자 안의 양자수는 그 원자가 특정한 원소임을 말해준다고 하였다. 즉 어떤 원자 안의 양자수가 〈원자 번호〉가 되는 것이다. 아래 그림에 주기율표에서 제공하는 산소(O)에 대한 정보가 나와 있다. 산소를 나타내는 O 위의 숫자 8은 양자의 숫자이며, 원자번호가 된다.

모든 원자는 중성이기 때문에 원자 안의 양자의 숫자와 전자의 숫자는 같아야 한다. 그래서 어떤 원소의 원자번호를 알면, 그 원소가 갖고 있는 양자의 수와 전자의 숫자를 알 수 있다. 예를 들어 원자번호가 8인 산소는 8개의 양자와 8개의 전자를 갖고 있다.

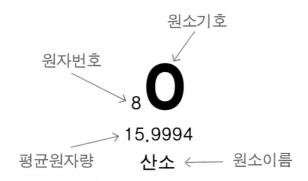

동위원소와 질량수

돌턴이 "원자는 더 이상 쪼개질 수 없고 모든 원자는 동일하다."라고 말한 것은 틀렸다. 모든 원자는 동일한 수의 양자와 전자를 가지고 있지만 중성자의 수는 다를 수 있다. 예를 들어 자연에는 3가지 형태의 칼륨(K)이 존재한다. 3가지 모두 19개의 양자와 19개의 전자를 갖고 있다. 그러나 한 가지의 칼륨은 20개의 중성자를 가지고 있고, 다른 것은 21개의 중성자를 갖고 있고, 또 다른 것은 22개를 갖고 있다.

같은 수의 양자를 갖고 있지만 중성자의 수가 다른 것을 동위원소(isotope)라고 한다.

다음 그림은 3가지의 수소 동위원소를 나타내고 있다.

수소의 동위원소

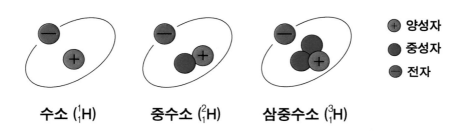

수소 ($^{1}_{1}$H)　　　중수소 ($^{2}_{1}$H)　　　삼중수소 ($^{3}_{1}$H)

- ⊕ 양성자
- ⬤ 중성자
- ⊖ 전자

더 많은 중성자를 갖고 있는 동위원소는 보다 큰 질량을 갖는다. 이러한 차이에도 불구하고 한 원소의 동위원소는 같은 화학적 성질을 갖는다. 즉, 화학적 성질은 그 원자가 갖고 있는 전자의 숫자로만 결정된다.

각 원소의 동위원소는 질량수라는 숫자로 구별된다. 질량수란 원자번호(또는 양자수)와 중성자의 수를 합한 것이다. 예를 들어 수소는 3개의 동위원소가 있다. 1개의 양자와 1개의 중성자를 가진 동위원소는 질량수가 2가 된다. 1개의 양자와 2개의 중성자를 가진 동위원소는 삼중수소라고 부른다. 화학자들은 동위원소를 위 수소의 동위원소 그림에 나타낸 것과 같이 화학부호와 원자번호

그리고 질량수로 나타낸다.

자연의 원소는 대부분 동위원소들이 혼합체로 발견된다. 보통 한 원소의 시료가 어디에서 채취되든지 각 동위원소의 상대적 함량은 동일하다. 예를 들어 바나나에 들어있는 93.26%의 칼륨 원자는 20개의 중성자를 갖고 있고, 6.73%는 22개의 중성자를 갖고 있고, 0.01%는 21개의 중성자를 갖고 있다. 다른 바나나에서 또는 다른 곳으로부터 얻은 칼륨에서도 칼륨 동위원소의 비율은 같다.

원자의 질량

아래 표에서 알 수 있듯이 양자와 중성자의 질량은 대략 1.67×10^{-24}g 이다. 이 숫자는 작은 질량 값이지만 전자의 질량은 더욱 작다. 양자나 중성자의 1/1840밖에 되지 않는다.

이렇게 아주 작은 질량을 과학적으로 표기하면서 일하기는 어렵기 때문에, 화학자들은 한 원자의 질량을 어떤 특정한 원자의 표준과 비교해서 나타내는 방법을 고안했다. 그 표준이 탄소-12이다. 과학자들은 이 탄소-12 원자에 정확하게 〈원자질량단위(atomic mass unit, amu)〉 12를 부여했다. 따라서 원자질량단위 1은 탄소-12 원자의 질량의 1/12로 정의된다. 1amu의 질량은 1개의 양자, 또는 1개의 중성자의 무게와 거의 동일하다고 해도, 그 둘의 값은 약간 다르다는 것을 아는 것은 중요하다.

아래 표에 아원자 입자의 질량을 amu로 나타냈다.

구분	질량	질량비교	전하량	전하량비교
전자	9.1094×10^{-28}	1/1836	-1.602×10^{-19}	-1
양성자	1.6726×10^{-24}	1	$+1.602 \times 10^{-19}$	+1

중성자	1.6749×10^{-24}	1	0	0

원자량

원자의 질량은 주로 양자와 중성자의 질량에 의해서 정해지나, 양자와 중성자는 위의 표에서 보듯이 1amu에 가깝기 때문에 원소의 원자량은 언제나 정수가 될 것으로 기대할 수 있다. 그러나 항상 그런 것은 아니다. 그 설명은 원자량의 정의와 관련된다. 즉 한 원소의 원자량은 그 원소의 동위원소들의 질량평균 값이다. 즉 동위원소들은 서로 다른 질량을 갖기 때문에 질량평균값은 정수가 되지 않는다. 염소(chlorine) 원자의 경우에 원자량의 계산법이 아래 그림에 나타나있다.

실험(가)+실험(나)	횟수	존재비율(%)	이론값(%)	실험을 통한 존재비율
35염소를 뽑은 경우	889	75.33898905	75	3/4
37염소를 뽑은 경우	291	24.66101695	25	1/4
전체	1180	염소의 평균 원자량		35.49322034

실험(나)	횟수	존재비율(%)	이론값(%)	실험을 통한 존재비율
분자량이 70인 염소 분자를 뽑은 경우	326	55.2543279	56.25	9/16
분자량이 72인 염소 분자를 뽑은 경우	237	40.16949153	37.5	6/16
분자량이 74인 염소 분자를 뽑은 경우	27	4.576271186	6.25	1/16
전체	590	염소 분자의 평균 원자량		70.98644068

염소는 자연에 76%의 염소-35와 24%의 염소-37로 존재한다. 염소의 원자량은 35.453이다. 원자량은 질량평균으로 결정되는데 염소-35가 염소-37보다 훨씬 많이 존재하기 때문에, 염소-35가 염소의 원자량을 결정하는 데 더 큰 영향

을 준다. 즉 염소의 원자량은 각 동위원소의 % 존재량에 그 동위원소의 원자량을 곱한 후에 모두 합해서 얻어진다. 원자량은 자연에서 얻어지는 각 동위원소의 개수, 질량 그리고 %존재량을 알면 계산할 수 있다.

전자는 어떤 성질을 갖고 있나?

빛과 양자화(quantized)된 에너지

빛은 전자기파의 일부분이며 파동과 입자의 성질을 동시에 갖고 있다. 실제 생활에서 그 예를 찾아보자. 찬 음식을 전자레인지에서 데워본 적이 있을 것이다. 마이크로파가 음식물에 닿으면 에너지의 다발이 그 음식물 속의 물에 에너지를 공급하여 음식물이 데워지는 것이다. 즉 전자파는 에너지인 셈이다.

1900년대 초에 세 가지 아원자(subatomic particle)를 발견한 이후 과학자들은 원자의 구조와 그 안에 존재하는 전자에 대해 이해하고자 노력했다. 러더퍼드는 원자의 모든 양전하와 모든 질량은 핵에 집중되어 있고, 그 주위로 전자들이 빠르게 돌고 있다고 제안하였다. 그러나 러더퍼드의 모델은 전자들이 어떻게 핵 주변의 공간에 배치해 있는가를 설명하지는 못했다. 더욱이 이 모델은 왜 음전하를 가진 전자가 양전하를 가진 핵으로 빨려 들어가지 않는지 의문을 던지게 되었다. 또한 러더퍼드의 핵 모델은 여러 원소 간에 일어나는 화학적 작용을 설명하지는 못했다.

예를 들어 리튬, 나트륨, 칼륨은 왜 비슷한 화학적 작용을 하는지를 생각해 보라. 이 3가지 원소는 모두 금속의 성질을 나타내고, 물과는 격렬하게 반응하여 수소 기체를 방출한다. 아래 그림에서 보듯이 나트륨과 칼륨은 너무 격렬히 반응하여 수소 기체에 불이 붙거나 폭발하기도 한다.

1900년대 초에 과학자들은 이 화학적 작용을 연구하기 시작하였다. 그들은 어떤 원소는 화염 속에서 가열하면 가시광을 방출하는 것을 발견하였다. 그 방출된 빛을 분석한 결과 원소의 화학적 작용은 원자 안 전자의 배치와 관련이 있음을 밝혀냈다.

이러한 전자의 배치와 화학적 작용의 연관성과 원자 구조의 특성을 이해하기 위해서는 빛의 특성을 이해하는 것이 필요하다.

빛은 파동 성질을 갖고 있다

가시광은 전자기파의 한 형태이다. 즉 공간으로 퍼져나감에 따라 파동과 같은 행동을 하는 에너지의 한 형태이다. 다른 형태의 전자기파에는 음식을 조리하는 마이크로웨이브, 의사들이 뼈와 치아를 검사하는 X-레이 그리고 라디오나 텔레비전 프로그램을 내보내는 파동이 있다. 아래 그림에 여러 가지의 전자기파의 예가 나타나 있다. 이 그림에서 알 수 있듯이 전자기파는 파장, 또는 주파수에 따라 다른 이름으로 불리고 있으며, 우리가 눈으로 감지할 수 있는 빛은 파장이 440-700㎚인 전자기파의 한 부분에 지나지 않는다. 그리고 주파수가 클수록 큰 에너지를 갖고 있다.

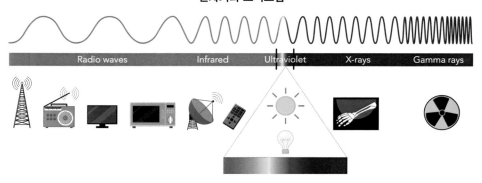

전자기파 스펙트럼

모든 파동은 몇 가지 특성을 가지고 있으며, 아래 그림에서 보는 동심파동과 같이, 파장과 주파수 그리고 진폭이 그 파동의 특성을 나타낸다. 그러면 이들에 대해서 살펴보자.

〈파장(wave length)〉은 보통 람다(λ)로 표기하며, 연속되는 파동에서 동등한 지점 사이의 가장 짧은 거리이다. 예를 들어 아래 그림에서 파장은 마루(crest)에서 마루까지 또는 골(trough)에서 골까지로 정의한다. 파장은 일반적으로 메타, 센티 메타 또는 나노 메타(㎚, 1×10^{-9}m)로 나타낸다.

〈주파수(frequency)〉는 보통 뮤(υ)로 표기하며 1초당 어떤 정해진 점을 통과하는 파동의 숫자이다. 1헤르츠(herts, Hz)는 주파수의 국제단위(SI unit)로서 1초당 한 파동을 말한다. 계산상으로는 주파수는 초당 파동의 숫자로 나타낸다. 1/s 또는 s^{-1}이 그 단위이다. 특정한 주파수는 다음과 같이 나타낸다. 즉 931Hz = 931 파동/초 = 931/s = $931s^{-1}$과 같이 나타낸다.

파동의 진폭(amplitude)은 아래 그림에 나타낸 것과 같이 기준선에서 마루까지 또는 기준선에서 골까지의 파동의 높이이다. 파장이나 주파수는 파동의 진폭에 영향을 주지는 않는다. 가시광을 포함하여 모든 전자기파는 진공에서 3.00 × 10^8m/s로 움직인다. 빛의 속도는 매우 중요하고 절대적인 값이기 때문에 특정한 부호, C로 표기한다. 빛의 속도는 빛의 파장과 그 주파수를 곱한 값이다. 즉 C = λ × υ이다.

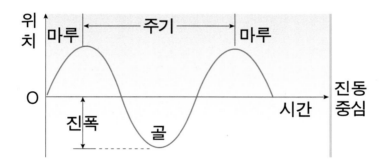

비록 진공 안에서는 모든 전자기파의 속도는 같을지라도 그 파장과 주파수는 다들 수 있다. 위의 식에서 알 수 있듯이 파장과 주파수는 역의 관계에 있다. 즉 주파수가 증가하면 파장은 감소한다는 것이다. 이 관계를 좀 더 쉽게 이해하려면 아래 그림에 나타낸 3가지의 파동을 보면 알게 된다. 3가지의 파동은 모두 빛의 속도로 진행하지만 적외선의 파동은 자외선의 파동보다 더 긴 파장과 낮은 주파수를 갖고 있다. 빛 즉 가시광은 그 중간에 있다.

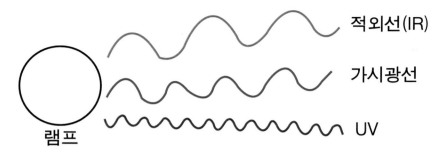

자외선은 파장이 짧고, 적외선은 파장이 길다.

전자기파의 스펙트럼

하얀색의 햇빛은 거의 연속적으로 여러 가지 파장과 주파수를 포함하고 있다. 하얀 빛은 프리즘을 통과하면 아래 그림에 나타낸 것과 비슷하게 연속적인 색깔의 스펙트럼(spectrum)으로 분리된다. 이들은 가시광의 스펙트럼이다. 이 스펙트럼은 각각의 점이 고유의 파장과 주파수를 갖기 때문에 연속적이라고 한다. 아마도 가시광 스펙트럼의 색깔에 익숙할 것이다. 만일 무지개를 보았다면 모든 가시광의 색깔을 한꺼번에 본 것이다.

무지개는 공기 중의 작은 물방울이 태양으로부터 나오는 흰색 빛을 그 내포하는 색깔로 분산시킨 스펙트럼이 하늘에 아치 모양으로 만들어질 때 생긴다.

그러나 아래 그림에 나타낸 가시광의 스펙트럼은 완전한 전자기파 스펙트럼의 아주 일부분에 지나지 않는다. 전자기파 스펙트럼은 주파수와 파장이 다른 여러 가지 형태의 전자기파를 포함한다.

위의 그림을 보면 빛이 프리즘을 통과하면서 파장에 따라 구부러짐이 달라서 빨간색, 주황, 노랑, 초록, 파랑, 남색, 보라색을 차례로 만든다. 또한 큰 주파수를 가진 보라색은 작은 주파수의 빨간색 빛보다 큰 에너지를 갖고 있다. 그 이유는 앞으로 설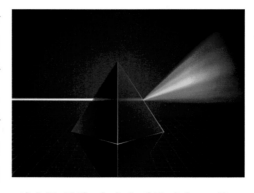

명할 양자의 에너지는 주파수에 플랑크 상수를 곱한 값이기 때문이다. 또한 모든 전자기파는 같은매체 안에서는 같은 속도, 즉 빛의 속도로 진행하기 때문에, $C = \lambda \times \upsilon$ 식을 이용하여 어떤 전자기파의 주파수를 알면 파장을 계산할 수 있다.

빛은 입자 성질도 갖고 있다

빛을 파동만으로 간주해도 그 빛의 일상 현상을 설명할 수는 있으나, 빛과 물질의 상호작용의 중요한 일면은 명확히 설명하진 못한다. 빛의 파동 모델로는 가열된 물체가 주어진 온도에서 왜 단지 어떤 주파수만의 빛을 방출하는 것을 설명할 수 없었다. 또는 왜 어떤 금속은 특정한 주파수의 빛을 쪼이면 전자를 방출하는지도 설명할 수 없었다. 과학자들은 이러한 현상을 설명하기 위해서는 빛의 새로운 모델이나 파동 모델의 수정이 필요함을 깨달았다.

빛의 양자 개념이란 무엇인가?

어떤 물체가 가열되면 빛나는 듯한 빛을 방출한다. 아래 그림은 철의 이런 현상을 나타내고 있다. 철 조각은 상온에서는 짙은 회색으로 보이지만 충분히 가열되면 빨간색으로 빛나고, 오렌지색으로 변한 후 더 높은 온도에서는 푸르게 변한다. 즉 어떤 물체의 온도는 그 물체를 이루는 입자들의 평균 운동에너지를 잰 것이다. 철이 점점 뜨거워짐에 따라서 그것은 더 큰 에너지를 갖게 되고 여러 색깔을 나타내게 된다. 이러한 다른 색깔은 다른 주파수와 다른 파장을 가진 것이다.

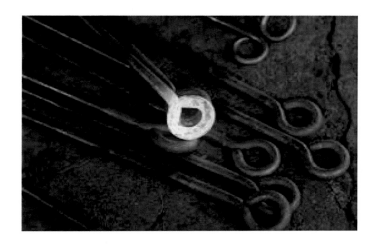

파동 모델은 이러한 다른 파장의 방출을 설명하진 못했다. 1900년에 독일의 물리학자 플랑크(M. Planck)는 가열된 물체가 방출하는 빛을 연구하면서 이에 대한 설명을 찾기 시작하였다. 즉 물질은 퀀타(quanta)라고 하는 작고, 특정한 양의 에너지만을 얻거나 잃을 수 있다는 것이다. 이 양자(quantum)는 한 개의 원자가 얻거나 잃을 수 있는 최소 에너지의 양이다.

그 시대의 플랑크와 물리학자들에게 양자화된 에너지의 개념은 혁명적이었다. 왜냐하면 그 때까지 과학자들은 예전의 경험으로부터 에너지는 최소의 한계가 없이 연속적인 양을 흡수하거나 방출한다고 생각했었다.

예를 들어 물 한잔을 전자레인지에서 가열한다고 하자. 그러면 물의 온도는 연속적으로 올라가는 것 같지만, 실제로는 물의 온도는 물 분자가 양자화된 에너지를 흡수함에 따라 아주 작은 계단으로 증가하는 것이다. 이 계단이 너무 작아서 온도는 연속적으로 올라가는 것처럼 보이지마는 실제로는 계단식이라는 것이다.

플랑크는 가열된 물체가 방출하는 에너지는 양자화되어 있다고 제안하였다.

그리고 더 나아가서 양자화된 에너지와 방출되는 주파수 사이에는 일정한 관계가 있음을 수학적으로 입증하였다. 그리고 다음 식을 발표하였다.

$$E(\text{양자}) = \text{플랑크상수}(h) \times \text{주파수}(\upsilon)$$

플랑크 상수의 의미는 무엇인가?

플랑크 상수는 6.62×10^{-34} J·s의 값을 갖고 있으며, 여기서 J은 줄(joule)이며 에너지의 국제단위이다. 위식은 방출에너지는 그 주파수, υ 가 증가할수록 증가한다는 것을 보여준다.

플랑크의 이론에 의하면 주어진 주파수에서는 물질은 오직 $h\upsilon$의 정수배로만 에너지를 흡수하거나 방출한다. 즉 $1h\upsilon$, $2h\upsilon$, $3h\upsilon$ 등이다.

이 개념과 유사한 비유로는 벽돌로 벽을 쌓는 것이다. 즉 그 벽돌의 정수배로만 벽을 더 쌓거나 허물 수 있는 것이다. 마찬가지로 물질은 단지 일정한 양의 에너지만을 흡수하거나 방출할 수 있고, 그 사이의 값을 갖는 에너지양은 존재하지 않는다.

광전자 효과의 의미

과학자들은 빛의 파동 모델로는 광전자 효과라는 현상을 설명할 수 없다는 것도 알았다. 광전자 효과는 아래 그림에서 보듯이 표면에 어떤 주파수 또는 그 보다 높은 주파수의 빛을 쪼이면 광전자라고하는 전자가 방출되는 것이다. 파동 모델은 충분한 시간이 주어지면 비록 낮은 에너지, 즉 낮은 주파수의 빛이라도 그것이 쌓여서 금속으로부터 광전자를 방출한다고 예측한다.

그러나 실제로 금속은 어떤 특정한 주파수 이하에서는 광전자를 방출하지 않을 것이다.

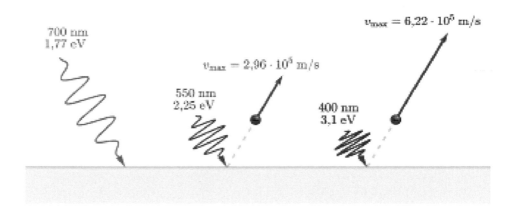

빛은 이중성을 갖고 있다

이러한 광전자 효과를 설명하기위해서 아인슈타인(A. Einstein)은 1905년에 빛은 이중성을 가지고 있다고 제안했다. 한 줄기의 빛은 파동과 같은 성질과 입자와 같은 성질을 동시에 갖고 있다는 것이다. 빛은 광자라고 하는 에너지의 다발로 생각할 수 있다는 것이다. 〈광자(photon)〉은 양자화된 에너지를 가지고 있는 질량이 없는 입자라는 것이다. 플랑크의 양자화된 에너지 개념을 확장시켜 아인슈타인은 광자의 에너지는 그 주파수에 따라 달라진다고 하였다. 즉 광자의 에너지, $E_{photon} = h\nu$이다.

또한 아인슈타인은 광자의 에너지가 금속의 표면으로부터 광전자를 튀어나오게 하기 위해서는 어떤 특정한 임계값 이상을 가져야 한다고 했다. 따라서 이 임계값 이상을 가진 광자는 비록 그 수가 적어도 광전자 효과를 나타낸다고 하였다. 아인슈타인은 이러한 업적으로 1921년에 노벨 물리학상을 받았다.

원자의 이미션 스펙트럼

찬란한 네온사인(neon signs)의 관에서 어떻게 빛이 만들어지는지 의아해본 적이 있는가? 그 과정은 빛의 파동 모델로는 설명할 수 없는 또 다른 예이다. 네온사인의 빛은 네온(Ne)으로 채워진 관에 전기를 통해서 만들어진다. 즉 네온 원자는 관 안에서 에너지를 흡수하여 여기된다. 이 여기된 원자가 안정된 상태로 돌아가면서, 그 에너지를 내보내기 위하여 빛을 내는 것이다. 만일 그 네온으로부터 나온 빛을 유리 프리즘을 통과시키면 네온의 원자 이미션 스펙트럼이 얻어진다.

어떤 원소의 원자 이미션 스펙트럼(atomic emission spectrum)은 그 원소의 원자들이 방출하는 전자기파의 주파수 모음이다. 네온의 원자방출 스펙트럼은 네온원자에 의해서 방출되는 방사선의 주파수에 해당하는 색깔의 몇 개의 선으로 이루어져 있다. 그것은 하얀빛에서 보는 연속적인 색깔의 변화가 아니다.

각 원소의 원자 이미션 스펙트럼은 고유하기 때문에 그 원소를 식별하는 데 쓰이거나, 그 원소가 알려지지 않은 화합물의 구성 성분인지를 결정하는 데 쓰인다. 예를 들어 백금선을 질화스트론튬 용액에 담갔다가 버너의 화염에 넣으면, 스트론튬 원자는 특유의 빨간색을 방출한다.

hydrogen emission spectrum

또한 이 불꽃을 만드는 수소의 이미션 스펙트럼 중에서 가시광 부분을 볼 수 있다. 여기서 수소원자의 이미션 스펙트럼선의 모습이 어떻게 연속스펙트럼선의 모습과 다른지에 주목하자.

어떤 원자의 이미션 스펙트럼은 조사하고자 하는 원소의 특성을 나타내기 때문에 그 원소를 식별하는 데 이용된다. 한 원소에서는 단지 어떤 특정한 색깔만이 나타난다는 것은 어떤 특정한 주파수의 빛만이 방출된다는 것을 의미한다. 그 방출된 빛의 주파수는 $E = h\upsilon$라는 식으로 에너지와 연결되고, 어떤 특정한 에너지 값을 가진 광자만이 방출되는 것이다.

이러한 사실은 고전 물리학의 법칙으로는 예측할 수 없었다. 과학자들은 여기된 원자가 에너지를 잃을 때 연속적인 색깔의 이미션이 관찰될 것으로 예상했다. 원소들은 그들이 방출하는 주파수와 같은 특정한 빛의 주파수를 흡수해서 흡수스펙트럼을 만든다. 흡수스펙트럼에서는 그 흡수된 주파수가 위 그림에서 보는 것과 같이 검은색으로 나타난다. 이러한 검은 선들을 이미 알려진 원소들의 이미션 스펙트럼과 비교함으로써 외계 별들의 성분을 알 수도 있다.

내신 예상 개념 문제

1. 원소가 서로 다른 이유는 무엇인가?

2. 원자 번호는 어떻게 정해지나?

3. 물질의 가장 작은 단위는 원자인가? 아니면 원자는 몇 가지 아원자로 이루어져 있는가?

4. 중성자의 왜 필요한가?

5. 동위원소는 무엇이 같고, 무엇이 다른가?

6. 원자량은 항상 정수인가? 아니면 그 이유는 무엇인가?

7. 어떤 물체에 열을 가하면 무슨 현상이 생기는가?

8. 어떤 물체에 열을 가하면 방출하는 에너지는 연속적인가?

9. 광자란 무엇이며 그 존재는 어떻게 증명라수 있나?

10. 어떤 금속에 화염을 쏘이면 어떤 현상이 생기는가?

11. 어떤 원소의 이미션 스펙트럼은 왜 생기는가?

12. 어떤 원소의 이미션 스펙트럼은 모두 같은가? 아니면 고유한가?

13. 어떤 원소의 이미션 스펙트럼은 어디에 이용할 수 있는가?

14. 어떤 원소의 이미션 스펙트럼의 선은 불연속이다. 그 이유는 무엇인가?

15. 각 원소의 이미션 스펙트럼의 선의 수는 같은가? 아니면 다른가? 그 이유는 무엇인가?

II-2 / 양자 이론과 전자배치

보아 원자 모델의 탄생

빛의 파동-입자 이중 모델은 지금까지 설명하지 못했던 몇 가지 현상을 설명했지만, 과학자들은 원자구조, 전자 그리고 이미션 스펙트럼과의 관계를 이해하지 못했다. 수소의 이미션 스펙트럼이 비연속적인 것, 즉 빛의 어떤 주파수만으로 되어 있다는 것을 다시 생각해 보자. 왜 원소들의 이미션 스펙트럼은 연속적이지 않고 불연속적인가? 러더퍼드 연구소에서 일하던 덴마크의 물리학자 보아(N. Bohr)는 1913년에 이 질문에 대답을 줄 것 같은 수소원자의 양자 모델을 제안하였다. 그리고 보아의 모델은 수소의 원자 이미션 스펙트럼선의 주파수를 정확하게 예측하였다.

수소의 에너지 준위

플랑크와 아인슈타인의 양자화 에너지 개념에 기초해서, 보아는 수소원자는 단지 허용되는 에너지 준위만을 갖는다고 하였다. 원자의 가장 낮은 허용된 에너지 준위를 바닥상태(ground state)라고 한다. 그리고 원자가 에너지를 얻으면 그것은 들뜬(여기)상태라고 한다. 또한 보아는 수소원자의 에너지 준위를 그 원자 안에 있는 전자와 관련이 있다고 하였다.

　그는 수소원자 안의 전자는 핵 주위를 단지 정해진 궤도로만 돈다고 제안하였다. 전자의 궤도가 작으면 작을수록 원자의 에너지 상태 또는 에너지 준위가 낮다고 하였다. 반대로 전자의 궤도가 크면 클수록 원자의 에너지 상태 또는 에너지 준위는 높다. 그래서 수소원자는 비록 전자를 한 개만 가지고 있어도 여러 개의 다른 여기 상태를 가질 수 있다. 아래 그림에 보아의 아이디어를 나타냈다.

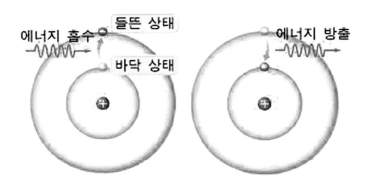

　그의 계산을 완성하기 위하여 보아는 각 궤도에 양자번호(quantum number)라고 부르는 숫자, n을 부여했다. 또한 그는 각 궤도의 반경도 계산하였다. 핵에 제일 가까운 첫 번째 궤도를 n = 1이라고 하였고, 그 반경은 0.0529㎚이다. 두 번째 궤도는 n = 2이며 그 반경은 0.212㎚ 등이다.

수소의 선 스펙트럼은 왜 불연속인가?

보아는 수소원자의 한 개뿐인 전자가 n = 1에 있을 때를 바닥상태, 또는 제1 에너지 상태라고 제안하였다. 바닥상태에 있는 전자는 에너지를 방출하지 않는다. 위 그림에서 보듯이 에너지가 외부로부터 가해지면 전자는 보다 높은, 예를 들어 n = 2 궤도로 움직이게 된다. 그러한 전자의 천이는 그 원자를 여기 상태로 높이게 된다. 원자가 여기 상태에 있게 되면, 전자는 높은 에너지 궤도에서 낮은 에너지 궤도로 떨어진다. 이러한 천이의 결과로 원자는 두 에너지 준위의 차이에 해당하는 에너지를 가진 광자를 방출하게 된다.

$$E = E_{높은 궤도} - E_{낮은 궤도} = E_{광자} = hv$$

그리고 한 원소에서는 전자의 천이로 변화하는 에너지의 차이는 특정한 값으로 존재하기 때문에, 특정한 주파수의 전자기파만이 방출될 수 있다.

수소 원자의 에너지 준위를 사다리의 발걸이에 비유할 수 있다. 사람은 사다리를 발걸이에서 발걸이로만 오르내릴 수 있다. 마찬가지로 수소 원자의 전자도 어떤 허용되는 궤도에서 다른 허용되는 궤도만으로 만 움직일 수 있다. 그래서 수소원자는 두 궤도의 에너지 차이만큼의 일정한 양의 에너지만을 흡수하거나 방출할 수 있다. 아래 그림이 그것을 보여주고 있다. 그러나 사다리와는 달리 수소원자의 에너지 준위의 차이는 똑같지는 않다.

아래에 나와 있는 수소원자의 에너지 준위 그림은 위의 수소원자의 이미션 스펙트럼 그림에서 볼 수 있는 선을 설명할 수 있는 4개의 전자천이를 나타내고 있다. 높은 에너지 준위에서 두 번째 준위로의 전자천이는 수소에서 볼 수 있는 모든 선을 설명한다. 이것이 발머(Balmer) 시리즈이다. 그리고 라이먼 (Lyman) 시리즈(적외선)라고 하는 눈에 보이지 않는, 전자가 n = 1 궤도로 천이 되는 것도 관측되었다. 그리고 파센(Paschen) 시리즈(자외선)라고 하는 n = 3 궤도로 떨어지는 전자도 관측되었다.

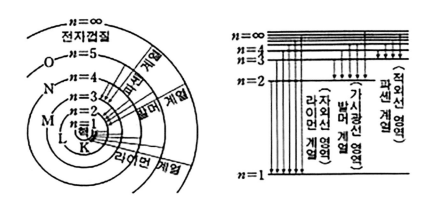

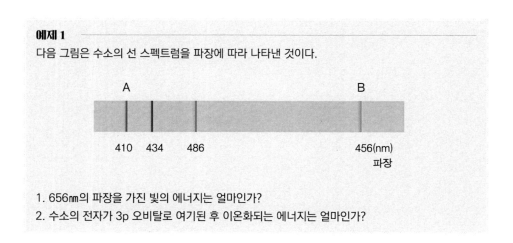

예제 1

다음 그림은 수소의 선 스펙트럼을 파장에 따라 나타낸 것이다.

1. 656㎚의 파장을 가진 빛의 에너지는 얼마인가?
2. 수소의 전자가 3p 오비탈로 여기된 후 이온화되는 에너지는 얼마인가?

〈해설 1〉
먼저 위 스펙트럼에서 656nm의 파장은 적색 가시광이라는 것을 알수 있다. 그리고 이것은 발머 시리즈에 속하기 때문에 n = 2 궤도로 떨어질 때 내는 빛이다. 또한 그중에서 파장이 가장 크기 때문에 가장 낮은 에너지이고, 즉 n=3에서 n=2로 전이한 것이다. 따라서 이 때 에너지 $E = -k/n^2$식을 이용하면 된다. 즉 $E = -k/3^2-(-k/2^2) = 5k/36$이다.

〈해설 2〉
3p 오비탈에 여기었다는 것은 n=3에 있다는 것이고, 이온화된다는 것은 그 오비탈에서 n=∞로 전이한다는 것이다. 따라서 이때 필요한 에너지는 같은 식을 이용하면 된다. 즉 $E = -k/3^2-(-k/∞^2) = -k/9$이다. 부호는 에너지를 흡수해야 하므로 +로 바꾼다.
이때 주의할 점은 에너지를 방출하면 + 값, 흡수 또는 필요하면 - 값으로 규정하고 있다.

보아 이론의 한계는 무엇인가?

보아의 이론으로 수소의 스펙트럼 라인을 설명할 수 있었다. 그러나 그의 모델은 다른 원소의 스펙트럼을 설명하지는 못했다. 더욱이 보아의 모델은 원자의 화학작용을 명확히 해명하지는 못했지만 보아 모델에서 말하는 양자화된 에너지 준위의 존재 아이디어는 앞으로 나올 양자역학적 원자 모델의 토대를 만들어 주었다. 그 후의 여러 실험은 그의 모델이 틀렸음을 입증했지만, 지금까지도 원자 안의 전자들의 움직임은 완전히 이해하지 못하고 있다. 그러나 많은 증거가 전자들은 핵 주위를 원형 궤도로 돌고 있지 않는다는 것을 보여주고 있다.

원자의 양자역학적 모델

과학자들은 1920년대 중반까지는 보아의 원자 모델이 틀렸다는 것을 확신했으며, 원자 안에 전자들이 어떻게 위치하고 있는가를 설명하는 새롭고 혁신적인 구상을 하였다. 1924년에 드브로이(L. de Broglie, 1892-1924)는 프랑스에서 물리학을 공부하던 중에 한 아이디어를 제시하였는데, 이것이 결국은 보아 모델의 고정된 에너지준위 개념을 설명할 수 있었다.

파동으로서의 전자

드브로이는 보아의 양자화된 전자 궤도가 파동의 궤도와 비슷한 특성을 가졌다고 생각해왔다. 아래 그림의 왼쪽에서 보듯이 퉁겨진 하프의 줄에서는 그 줄의 양 끝이 고정되어 있기 때문에, 단지 반파장의 배수만이 만들어진다는 것이다. 또한 아래 그림 오른쪽에서 보듯이 드브로이는 고정된 반경을 가진 원형 궤도에서는 오직 파장의 홀수 배만이 나타난다고 하였다.

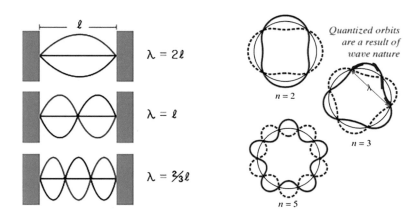

양자화된 궤도는 파동 성질의 결과

　그리고 그는 빛은 한때는 오로지 파동 현상으로만 생각했지만, 파동과 입자의 특성 둘 다를 가진다는 것에 착안하였다. 즉 전자를 포함해서 물질의 입자들도 파동과 같이 행동하지 않을까 하는 것이다. 이러한 $\lambda = h/mv$, 즉 〈드브로이 식〉은 모든 움직이는 입자는 파동의 특성을 갖는다는 것이다.

　그리고 이 식은 왜 빠르게 움직이는 자동차의 파장을 측정하는 것은 불가능한지 설명해준다. 예를 들어 무게 460kg의 자동차가 초속 50m/s로 움직인다고 하자. 이 값을 드브로이 식에 적용하면, 자동차의 파장은 2.9×10^{-38}m로 너무 작아서 측정하지는 못한다. 그러나 전자가 자동차와 같은 속도로 움직인다면, 전자는 질량이 아주 작기 때문에 그 파장은 2.9×10^{-5}m로서 측정이 가능하다.

그 이후에도 추가 실험으로부터 전자와 움직이는 입자들은 정말로 파동의 특성을 갖는다는 것이 증명되었다. 드브로이는 만일 전자가 파동과 같은 운동을 하고 그 운동이 고정된 반경의 원형 궤도에만 제한된다면, 전자가 갖는 에너지는 단지 어떤 특정한 파장과 주파수를 갖는다고 하였다. 드브로이는 이를 발전시켜서, 질량 m의 입자가 v의 속도로 움직일 때 가지는 파장 λ를 계산할 수 있는 드브로이 식을 유도하였다. 즉 $\lambda = h/mv$이다. 여기서 λ는 파장, h는 플랑크 상수, m은 질량, v는 속도이다.

하이젠베르크의 불확정성 원리와 보어 모델의 수정

점차로 러더퍼드, 보어 그리고 드브로이 같은 과학자들은 원자의 신비함을 파헤쳐왔다. 그러나 독일의 하이젠베르크(W. Heisenberg, 1901~1976)가 내린 결론이야말로 원자 모델에 중대한 의미를 준 것 으로 입증되었다. 하이젠베르크는 어떤 물체든지 그 물체를 움직이지 않고서는 어떤 측정도 불가능하다는 것을 보여주었다.

풍선이 공중에 떠 있는 위치를 생각해 보자. 손을 휘저어 풍선을 만지면 그 풍선의 위치를 알 수 있을 것이다. 그러나 그 풍선을 만지게 되면, 그 풍선에 에너지가 전달되어, 그 풍선의 위치를 변화시킬 것이다. 즉 거시적 의미의 불확정성의 예  이다. 따라서 손전등을 비추어 그 풍선의 위치를 알 수도 있을 것이다. 즉 불빛에 반사된 광자가 눈에 도달해서 풍선의 위치를 알 수 있다. 여기서 풍선은 매우 큰 물체이기 때문에 부딪치는 광자가 주는 풍선의 위치에 대한 영향은 거의 없다.

　그러나 이와는 다르게 어떤 전자의 위치를 높은 에너지를 가진 광자로 부딪쳐서 그 위치를 알아낸다고 상상해 보자. 그러한 광자는 전자와 비슷한 에너지를 갖고 있기 때문에, 두 입자 간의 상호작용은 광자의 파장을 변화시키고 동시에 전자의 위치와 속도를 변화시킬 것이다. 이런 현상이 아래 그림에 나타나 있다.

　아래 그림에서와 같이 운동량, p와 위치, x는 동시에 측정할 수 없고, 그것들에는 불확정, $\Delta p \Delta x$가 존재한다는 것이다. 그리고 그 불확정성의 크기는 아래에 나타낸 식과 같이 하이젠베르크 상수의 1/2보다 크다는 것이다.

$$\Delta x \Delta p \geq \frac{\hbar}{2}$$

　다시 말해서 전자를 관찰하는 행동은 전자의 위치와 움직임에, 심각하고 피할 수 없는 불확실성을 주게 된다는 것이다. 이러한 하이젠베르크의 광자와 전자의 상호작용에 대한 분석은 역사적인 결론을 만들어냈다. 〈하이젠베르크의 불확정성 원리〉는 어떤 입자의 위치와 속도를 동시에 알아낸다는 것은 원천적으로 불가능하다는 것이다.

비록 그 당시의 과학자들은 하이젠베르크의 원리를 이해하고 수용하기는 어려웠지만, 이 원리가 어떤 물체를 관찰하는 것에 근본적인 한계가 있다는 것은 인정하였다. 즉 광자가 헬륨 풍선과 같은 거대한 물체와 상호작용을 할 때는, 광자가 그 풍선에 미치는 영향은 거의 없기 때문에 그 위치의 불확정성은 측정하기에는 너무 작다. 그러나 원자의 주위에서 그 주위를 $6 \times 10^6 \text{m/s}$의 속도로 움직이는 전자의 경우에는 전혀 다르게 된다. 즉 전자의 위치에 대한 불확정성은 적어도 10^{-9}m로서 전체 원자의 크기보다 10배나 크다.

따라서 하이젠베르크의 불확정성 원리는 보아 모델에서 말하는 전자가 고정된 원형 궤도에 위치한다는 것은 불가능하다는 것을 의미한다. 즉 오직 알 수 있는 것은 전자가 핵 주위의 어떤 영역(공간)을 차지하는 확률뿐이라는 것이다. 이것이 양자역학적 원자 모델이 만들어지게 된 기본 토대이다.

슈뢰딩거의 파동방정식

1926년에 오스트리아의 물리학자 슈뢰딩거(Schrodinger)는 드브로이의 파동-입자 이론을 더욱 발전시켰다. 즉 슈뢰딩거는 수소 원자의 전자를 파동으로 취급하는 방정식을 유도하였다. 이 슈뢰딩거의 수소 원자에 대한 새로운 모델은 다른 원소의 원자들에도 똑같이 적용되는 것 같았다. 이는 보아의 모델에서는 실패한 것이다.

전자를 파동으로 취급하는 모델을 원자의 파동역학 모델 또는 원자의 양자역학 모델(quantum mechanical model)이라도 부른다. 보아의 모델에서와 마찬가지로 양자역학적 모델에서도 전자의 에너지는 일정한 값으로 한정된다. 그러나 보아 모델과는 다르게 양자역학 모델에서는 전자의 경로를 묘사할 때 핵의 둘레로 하지는 않는다.

슈뢰딩거의 파동방정식은 너무 복잡해서 여기서는 논하지 않는다. 그러나 이 슈뢰딩거 방정식의 해답은 파동함수(wave function)로 알려져 있으며, 이것은 핵 주위의 특정한 공간에서 전자들이 존재할 수 있는 확률을 말한다.

파동함수는 전자가 존재할 수 있는 확률을 말한다

파동함수는 핵 주위의 원자 오비탈(atomic orbital)이라는 3차원의 공간을 말하며, 즉 전자들의 존재할 가능성이 있는 위치를 말해 준다. 원자 오비탈이란 경계가 명확하지 않은 구름과 같으며, 어떤 점에서의 밀도는 그 점에서 전자를 발견할 확률과 같다. 아래 그림은 전자의 가장 낮은 에너지 상태를 나타내는 확률 지도를 나타낸 것이다. 확률 지도는 핵 주위를 도는 순간순간을 찍은 사진으로 생각할 수 있으며, 그 사진 속의 각 점은 그 순간에서 전자의 위치를 나타내는 것이다. 여기서 핵과 가까운 곳에 점들의 밀도가 높은 것은 그곳에 전자가 위치할 확률이 가장 높다는 것을 말한다. 그러나 그 구름은 명확한 경계가 없어서 전자는 핵으로부터 상당한 거리에서도 발견되는 것이 가능하다.

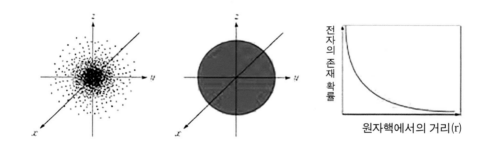

양자수와 원자 오비탈이란 무엇인가?

원자 오비탈의 경계는 불분명하기 때문에 이 오비탈은 정확히 정해진 크기가 없다. 이러한 전자의 위치에 대한 본질적인 불확실성을 극복하기 위하여, 화학자들은 전자의 전체 확률분포의 90%를 갖는 오비탈의 표면을 임의로 그렸다. 이것은 그 경계선 안에 전자가 있을 확률은 0.9%이고 그 경계선 밖에서 전자가 있을 확률은 0.1%이다. 다른 말로 하면 핵과 가까운 곳과 경계선으로 정의된 부피 안에 전자들이 거의 모두 위치한다는 것이다. 위 전자 밀도를 나타낸 그림에서 제일 끝부분의 원둘레 안에 수소의 가장 낮은 에너지의 90%를 포함한다고 하겠다.

원자 오비탈은 확률 함수를 말한다

슈뢰딩거 식의 해는 전자가 가질 수 있는 에너지 또는 에너지 준위를 말해준다. 그리고 이 식은 각 에너지 준위마다 〈원자 오비탈(orbital)〉을 수식으로 나타냈다. 즉 오비탈은 원자핵 주위의 여러 위치에서 전자가 발견될 확률을 나타낸다. 아래 그림의 오비탈은 전자가 발견될 확률이 높은 공간을 그림으로 나타낸 것이며, 여기서 곡

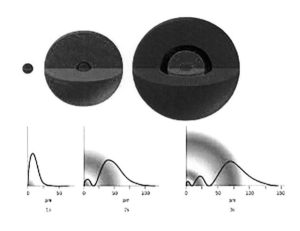

선은 위에서 말한 슈뢰딩거 방정식의 확률 함수를 나타낸 것으로 그 높이는 확률이 높은 것을 나타낸다.

주 양자수는 오비탈의 크기와 에너지를 결정한다

보아의 원자 모델은 전자 궤도에 양자수를 지정했다. 비슷하게 양자역학 모델에서도 원자 오비탈에 4가지의 양자수를 지정한다. 첫 번째는 주양자수(principal quantum number, n)이고 원자 오비탈의 상대적 크기와 에너지를 나타낸다. n이 증가할수록 오비탈은 커지고, 전자는 핵으로부터 더 먼 곳에 더 오래 머무르고, 원자의 에너지는 증가한다. 따라서 n은 원자의 주요한 에너지 〈주 양자수(principle quantum number)〉 준위를 결정한다. 그리고 원자의 가장 낮은 주 에너지준위는 〈주 양자수(n, principle quantum number)〉 n = 1로 지정하고, 에너지가 커짐에 따라 차례로 n = 2, n = 3 등으로 나타낸다.

수소 원자의 한 개의 전자가 n = 1오비탈을 차지하면 그 원자는 바닥상태에 있는 것이다. 수소 원자에는 7개의 에너지 준위가 발견되었다.

주양자수가 n = 1 이상이 되면 다른 에너지와 다른 모양을 가지는 부에너지 준위가 만들어진다. 즉 아래 그림에 나타낸 부채 모양의 극장 관중석의 좌석을 그려보면 이해하기 쉽다. 즉 무대에서 멀리 떨어질수록 좌석의 줄은 높아

지며 좌석의 수는 많아진다. 즉 n이 증가할수록 주 에너지 안의 에너지 부에너지 준위의 수가 증가하는 것은, 극장에서 좌석의 줄이 무대에서 멀어질수록 좌석 수가 많아지는 것과 같은 이치이다.

이러한 몇 가지 부에너지 준위는 그 모양에 따라 s, p, d, f오비탈로 구별한다. 모든 s오비탈은 공과 같은 둥근 모양이고, 모든 p오비탈은 아령 모양이다. 그러나 d나 f의 모양은 다양한 모양으로 나타난다.

양자수에는 어떤 것이 있나?

그러면 에너지 준위에는 어떤 것이 있나 알아보자. 가장 전자의 에너지에 영향을 주는 것은 주양자수이다. 그리고 전자껍질의 수가 커지면, 에너지 준위도 여러 갈래로 갈라지게 된다. 즉, 방위양자수, 자기양자수, 스핀양자수다.

주양자수란 무엇인가?

〈주양자수, n〉는 원자의 전자껍질을 지정하며, 전자들의 위치와 에너지를 나타낸다. 즉 핵과 전자 사이의 가장 확률이 높은 거리는 이것으로 나타나기 때문에, 이 수가 커질수록 그 거리는 커지게 된다. 이는 원자반경이 커진다는 의미도 된다.

주양자수는 항상 1보다 큰 정수이며, 0이나 음의 수는 될 수 없다. 그리고 n = 1은 원자의 가장 내부에 위치하는 전자껍질을 말하고, 전자의 가장 낮은 에너지 준위를 의미한다.

따라서 전자가 에너지를 얻게 되면, 전자는 주어진 전자껍질에서 더 높은 전자껍질로 뛰어오르기 때문에, n은 증가하게 된다. 따라서 n 값의 증가는 전자에 의한 에너지의 흡수(absorption) 또는 광자의 흡수라고 말한다. 반대로 에너지를 잃게 되면, 낮은 전자껍질로 떨어지고, n값은 감소하게 되며, 이를 에너지의 방출 또는 이미션(emission)이라고 부른다. 이는 전자가 에너지를 방출하는 것을 의미한다.

방위양자수란 무엇인가?

방위양자수(azimuthal quantum number, l)는 각도모멘트양자수(angular mom-entum quantum number)라고도 하며, 서로 각도모멘트가 방향에 따라서 약간 다르다. 그리고 방위양자수는 정해진 오비탈의 모양을 결정한다. 또한 방위양자수는 s, p, d, f 같은 오비탈로 나타낸다. 즉 l = 0이면 s, l = 1이면 p, l = 2이면 d, l = 3 이면 f 등으로 표시한다. s, p, d 오비탈의 모양은 아래 그림에 나타낸 것과 같이 다르며, 이는 슈뢰딩거 방정식으로부터 얻은 것이다. 또한 이 값은 주양자수에 의존하게 되며, 0과 (n-1) 사이의 값을 갖는다.

자기양자수란 무엇인가?

자기양자수(magnetic quantum number, mL)는 오비탈의 방향과 전체 오비탈의 수를 결정하게 된다. 이 자기양자수는 오비탈의 주어진 축에 해당하는 각도모멘트를 투영한 것으로서, 각각 자기모멘트가 약간 다르다. 이 자기양자수의 값은 방위양자수에 의존하게 되고, -l 과 +l 사이의 값을 갖기 때문에 결국은 n의 수에 간접적으로 의존하게 된다.

스핀양자수란 무엇인가?

스핀양자수(electron spin quantum number, ms)는 위에서 말한 주양자수, 방위양자수, 자기양자수의 값에는 의존하지 않고, 단지 전자가 회전하는 방향에만 의존한다. 전자가 회전하면서 자기장을 만들며, 이 회전 방향이 반대가 되어 상쇄됨으로써 전자들 사이의 반발력을 줄이려고 하는 것이다. 스핀양자수의 가능한 값은 +1/2와 -1/2 두 가지뿐이다. +1/2는 전자가 시계반대방향으로 도는 것을 말하고, ↑로 표시하고 "스핀업"이라고 말한다. 반대로 -1/2은 전자가 시계방향으로 도는 것을 의미하고, ↓로 표시하고 "스핀다운"이라고 말한다. 이 스핀양자수의 값은 원자가 자장을 만들 수 있는 능력이 있는 가를 결정한다. 이 스핀양자수는 일반적으로 +, -1/2의 값을 갖는다. 그러면 양자수에 대해서 좀 더 알아보자.

주 에너지의 오비탈은 아래 그림에 나타낸 바와 같이 모두 공 모양을 하고 있으며, n이 커질수록 그 크기는 더 커지게 된다.

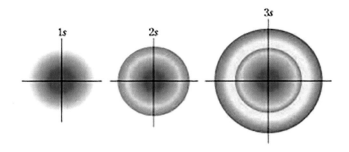

주양자수가 n = 2이면 s오비탈과 더불어 p오비탈과 같은 부 에너지준위가 생긴다. 이를 방위양자수, l이라고 하며, 그 수는 n = 1일 때는 s오비탈에 해당하는 l = 0과 l = 1과 같은 2가지가 생긴다. l = 1에 해당하는 아령 모양의 p오비탈에는 아래 그림과 같이 2px, 2py와 2pz 같이 모양은 같지만 방향에 다른 오비탈이 있다. 그리고 아래 첨자 x, y, z는 아래 그림에 나타낸 것과 같이 좌표축에 따라 붙여졌다. 즉 l = 1일 때는 자기양자수는 m_l = -1, m_l = 0, m_l = +1과 같은 3가지의 자기양자수가 생긴다. 그러나 이 p오비탈들은 자기장이 없을 경우에는 모두 동일한 에너지를 갖고 있다.

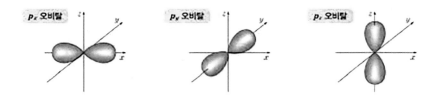

주 양자수 n = 3이 되면 s, p와 더불어 d라는 에너지 부준위가 만들어진다. 따라서 l = 0(s), l = 1(p), l = 2(d)와 같이 3가지의 부준위가 존재한다. l = 2 에너지 부준위에 해당하는 d 오비탈이 아래 그림에 나타나 있다. 이들은 각기 다른 자기양자수(m_l)를 갖게 된다. 즉 l = 1일 때는 위에서 말한 대로 m_l = 3이 되고, l = 2일 때는 m_l은 −2, −1, 0 + 1, + 2 와 같이 m_l = 5개가 된다. 따라서 n= = 3인 경우에는 모두 9개의 오비탈을 갖게 된다.

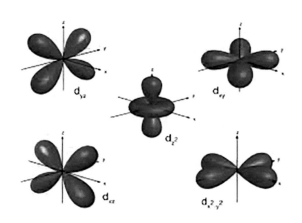

그다음으로 주 양자수가 커지게 되면 f오비탈과 같은 에너지 부준위가 생기게 된다. f오비탈은 아래 그림과 같이 복잡한 여러 갈래의 잎사귀 모양을 하고 있으며, 이는 앞서 말한 슈뢰딩거 방정식을 풀어서 얻은 것이다.

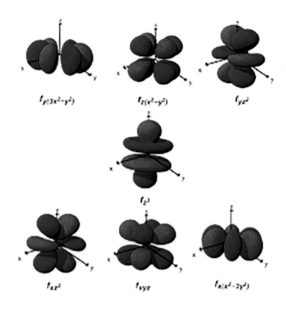

$f_{y(3x^2-y^2)}$ $f_{z(x^2-y^2)}$ f_{yz^2}

f_{z^3}

f_{xz^2} f_{xyz} $f_{x(x^2-3y^2)}$

　　n = 4까지의 주 에너지 준위(n)에서 가질 수 있는 가능한 부준위(l)와 관계된 오비탈과 자기 양자수(m_l)가 아래 표에 나타나 있다. 각 부준위와 관련된 오비탈의 개수는 항상 홀수(1, 3, 5, 7)가 되며, 각 주 에너지 준위에 만들어지는 오비탈의 숫자는 n^2이 된다. 즉 n = 1이면 1개의 오비탈을 갖고, n = 2이면 4개의 오비탈, n = 3이면 9개의 오비탈이 만들어진다. 따라서 각 오비탈이 가질 수 있는 전체 전자의 수는, 전자가 회전하는 방향에 따른 스핀 양자수가 2종류이므로 $2n^2$이 된다.

　　어느 한순간에 수소의 전자는 단지 한 오비탈만을 차지한다. 다른 오비탈은 채워지지 않은 공간으로 그 원자의 에너지가 증가하거나 감소하면 제공되는 공간이다. 예를 들어 수소 원자가 바닥 준위에 있으면 전자는 1s 오비탈을 차지한다. 그러나 원자가 1양자의 량만큼의 에너지를 얻으면, 전자는 채워지지 않은 궤도로 여기가 된다. 그리고 주어진 에너지의 양에 따라 전자들은 2s 오비탈로 움직이거나, 3가지의 오비탈중의 하나 또는 비워져 있는 어떤 다른 오비탈로 움직인다.

주양자수 (n)	주양자수 (l)	자기양자수 (n)	오비탈 종류	포함 가능한 최대 전자수
n = 1	l = 0	m = 1	1s	2개
n = 2	l = 0	m = 0	2s	2개
	l = 1	m = -1, 0, 1	$2p_x, 2p_y, 2p_z$	6개
n = 3	l = 0	m = 0	3s	2개
	l = 1	m = -1, 0, 1	$3p_x, 3p_y, 3p_z$	6개
	l = 2	m = -2, -1, 0, 1, 2	$3d_{xy}, 3d_{yz}, 3d_{xz}, 3d_{x^2-y^2}, 3d_{z^2}$	10개

전자배치란 무엇인가?

학생들이 버스를 탈 때, 좌석이 꽉 찰 때까지는 홀로 앉지만, 좌석이 꽉 차게 되면 좌석에 둘이 함께 앉는다. 전자들도 원자 오비탈을 이와 비슷한 방법으로 채운다. 자연에서 일어나는 모든 것은 에너지가 적게 소모되는 방법을 택한다고 하는 대원칙이 있다. 원자 안에서의 전자배치도 이처럼 일정한 법칙에 따라서 원자에서 전자배치가 이루어지며 이를 살펴보자.

바닥상태의 전자 배치는 어떻게 이루어지는가?

가장 무거운 원자는 100개 이상의 전자를 갖고 있는 것을 고려하면, 그 많은 전자를 원자 안에 배열하는 것은 매우 난해할 수 있다. 다행히도 모든 원자의 오비탈은 수소와 유사한 오비탈을 가진다. 그래서 전자는 몇 가지 특수한 법칙에 따라 다른 원자들 안에 배열하게 된다. 이러한 원자 안 전자의 배열을 전자배치(electron configuration)라고 부른다.

낮은 에너지의 시스템이 높은 에너지의 시스템보다 더 안정하기 때문에, 원자 안의 전자들은 가장 낮은 에너지를 갖는 배열을 하게 된다. 가장 안정된 즉 가장 낮은 에너지를 갖는 전자들의 배치를 그 원소의 바닥상태의 전자배치라 부른다. 또한 이러한 바닥상태의 전자배치는 3가지 법칙, 즉 〈쌓음 원리(aufbau principle)〉, 〈파울리 배타 원리(Pauli exclusion principle)〉와 〈훈트 법칙(Hund's rule)〉을 따른다.

쌓음 원리

〈쌓음 원리〉는 개개의 전자는 가능한 한 가장 낮은 에너지 오비탈을 차지한다는 것이다. 그러므로 어떤 원소의 바닥상태의 전자배치를 결정하는 첫 번째 단계는 낮은 에너지부터 높은 에너지까지 원자 오비탈의 순서를 아는 것이 우선이다. 이 쌓음 원리에 따른 도표(aufbau diagram)가 아래 그림에 나타나 있다. 이 도표에서 개개의

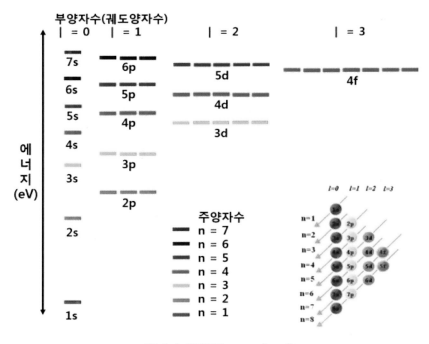

작은 네모상자는 오비탈을 말한다. 이 도표는 쌓음 원리의 몇 가지 특성을 요약하고 있다. 비록 쌓음 원리가 오비탈에 전자가 채워지는 순서를 말한다고 해도, 전자들을 차곡차곡 쌓아서 만들어지지는 않는다는 사실을 아는 것은 중요하다고 하겠다. 이는 앞으로 설명한다.

파울리 배타 원리

오비탈 안의 전자는 상자 안에 화살표로 표시할 수 있다. 각 전자는 팽이의 위판이 팽이의 심지 위에서 회전하는 것과 같이 돌고 있다. 팽이의 위판처럼 전자는 두 방향 중에서 오직 한 방향으로만 회전할 수 있다. 위로 향하는 화살표는 전자가 반시계 방향으로 회전하는 것을 나타내고, 아래로 향하는 화살표는 전자가 시계 방향으로 회전하는 것을 나타낸다. 빈 네모 상자는 채워지지 않은 오비탈을 나타내고, 한 개의 위로 향하는 화살표는 한 개의 전자를 가진 오비탈을 나타내고, 위와 아래 화살표를 모두 포함한 화살표는 채워진 오비탈을 나타낸다.

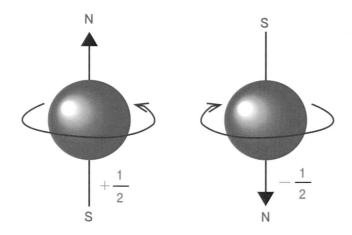

〈파울리 배타원리〉는 최대한 2개의 전자만이 한 원자의 오비탈을 채울 수 있고, 또한 그 전자들은 반대 방향의 스핀을 가져야 한다고 말한다.

오스트리아의 물리학자 파울리(W. Pauli, 1900-1958)는 여기 상태에 있는 원자들을 관찰한 후에 이러한 원리를 제안하였다.

서로 반대 방향의 스핀을 가진 전자쌍을 가진 오비탈은 ↑↓ 로 나타낸다.

각 오비탈은 최대한 두 개의 전자를 가질 수 있으므로, 주양자수가 n인 원자의 최대 전자의 수는 $2n^2$가 된다.

훈트 법칙

음으로 대전된 전자들은 서로를 배척한다는 사실은 동등한 에너지의 오비탈에 있는 전자의 분포에 중요한 역할을 한다. 즉 〈훈트 법칙〉은 같은 방향의 스핀을 갖는 전자들이 반대 방향의 스핀을 갖는 다른 전자들이 같은 오비탈을 차지하기 전에, 동등한 에너지의 오비탈을 각각 차지해야 한다고 말한다. 예를 들어 아래의 상자들이 2p오비탈을 말한다고 하자. 그러면 두 번째 전자가 같은 오비탈에 들어오기 전에, 한 개씩의 전자가 먼저 3개의 2p오비탈에 각각 들어온다. 6개의 전자가 3개의 p오비탈을 차지하는 순서를 아래에 그림에서 보여주고 있다.

훈트 규칙에 의한 H, N, O의 전자 배치

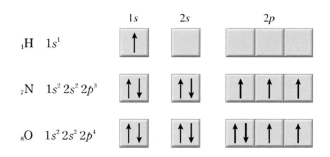

아래 그림에 질소(N)의 전자 배치에서 훈트의 규칙이 적용된 예를 볼 수 있다. 즉 (가)에서는 전자 사이의 반발력이 작용하여 (나)의 경우보다 에너지가 더 소모되기 때문에 (나)를 선호하게 된다. 즉 훈트의 규칙에 따르는 것이다.

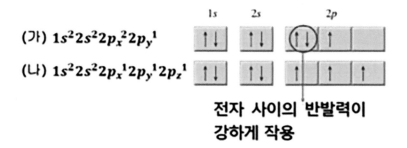

전자 배열은 어떻게 나타내나?

원자 안 전자의 배열을 오비탈 도표 방법 또는 전자배치 표기법 두 가지 중에서 편리한 방법으로 나타낼 수 있다.

오비탈 도표로 나타낸 들든 상태의 전자배치

먼저 말한 바와 같이 오비탈 안의 전자는 상자 안에 화살표로 나타낼 수 있다. 각 상자는 주양자수와 그 오비탈과 관련된 부준위로 나타낼 수 있다. 예를 들어 바닥상태에 있는 탄소의 바닥상태의 오비탈 도표는 아래 그림과 같이 1s 오비탈에 두 개의 전자, 2s 오비탈에 두 개의 전자, 그리고 세 개의 2p 오비탈 중 두 개에 전자 하나씩을 갖는다. 이와는 다르게 탄소 원자의 들뜬 상태의 전자배치는 위의 3가지 규칙에서 한 가지라도 벗어난 전자배치를 갖는다는 것에 주의하자.

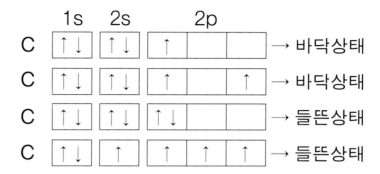

	1s	2s	2p			
C	↑↓	↑↓	↑			→ 바닥상태
C	↑↓	↑↓	↑		↑	→ 바닥상태
C	↑↓	↑↓	↑↓			→ 들뜬상태
C	↑↓	↑	↑	↑	↑	→ 들뜬상태

아래 그림에 위에서 설명한 3가지 규칙이 적용된 구리(Cu)의 전자배치를 전자배치 표기법과 오비탈 도표법으로 나타냈다.

$$Cu(Z = 29) \quad [Ar] \ 4s^1 3d^{10}$$

↑	↑↓	↑↓	↑↓	↑↓	↑↓			

4s   3d   4p

전자배치 표기의 2가지 방법

주 에너지준위와 부 에너지준위를 지정한다. 그리고 그 오비탈에 있는 전자의 개수를 위첨자로 포함시킨다. 예를 들어 바닥상태의 탄소 원자의 전자배치는 $1s^2\ 2s^2\ 2p^2$로 나타낸다.

그러나 이 전자배치 표기법은 보통 에너지 부준위에 관계된 전자의 오비탈 배치를 보여주지는 않는다. 즉 질소의 전자배치 표기를 $1s^2\ 2s^2$ 뒤에 $2p^3$를 추가해서 표기하지만, 자세하게 부에너지준위를 하나하나 표기하지는 않는다. 아래 그림에 2가지 전자배치 표기법을 나타냈다.

O: $1s^2 2s^2 2px^2 2py^1 2pz^1$

$\frac{\uparrow\downarrow}{1s}$ $\frac{\uparrow\downarrow}{2s}$ $\frac{\uparrow\downarrow}{}\ \frac{\uparrow}{2p}\ \frac{\uparrow}{}$

F: $1s^2 2s^2 2p^5$

$\frac{\uparrow\downarrow}{1s}$ $\frac{\uparrow\downarrow}{2s}$ $\frac{\uparrow\downarrow}{}\ \frac{\uparrow\downarrow}{2p}\ \frac{\uparrow}{}$

Ne: $1s^2 2s^2 2p^6$

$\frac{\uparrow\downarrow}{1s}$ $\frac{\uparrow\downarrow}{2s}$ $\frac{\uparrow\downarrow}{}\ \frac{\uparrow\downarrow}{2p}\ \frac{\uparrow\downarrow}{}$

희유가스 표기법의 편리성

희유가스 표기법은 희유가스의 전자배치를 이용하여 어떤 원소의 전자배치를 나타내는 방법이다. 희유가스는 주기율표에서 마지막 족에 있는 원소들이다. 따라서 최외각에 8개의 전자를 갖고 있어서 매우 안정적이다. 희유가스 표기법은 희유가스의 전자배치를 그 희유가스의 원소 부호에 괄호를 씨서 표기한다. 예를 들어 [He]는 헬륨의 전자배치 $1s^2$를 말하고, [Ne]은 네온의 전자배치, $1s^2 2s^2 2p^6$를 말한다. 그리고 네온의 전자배치를 나트륨의 전자배치와 비교해보면, 나트륨의 최외각 전자를 제외한 안쪽의 전자배치는 네온의 전자배치와 동일하다. 따라서 희유가스 표기법을 사용하면 나트륨의 전자배치는 [Ne]3s1으로 보다 간단히 나타낼 수 있어서 편리하다.

   즉 어떤 원소의 전자배치는 바로 전 주기에 존재하는 희유가스의 전자배치 표기법을 [Ar], [Ne] 등으로 나타내고, 그 뒤에 추가로 채워지는 전자배치를 함께 붙여 사용하면 간소하게 나타낼 수 있다. 아래 표에 3주기 원소들의 간소화된 전자배치를 희유가스 표기법을 이용하여 나타냈다. 3주기의 전주기인 2주기의 희유가스는 [Ne]이므로 아래와 같이 표기할 수 있다.

	1s	2s	2p	3s	3p	
Na:	↑↓	↑↓	↑↓ ↑↓ ↑↓	↑		$1s^2 2s^2 2p^6 3s^1 \equiv$ [Ne]$3s^1$
Mg:	↑↓	↑↓	↑↓ ↑↓ ↑↓	↑↓		$1s^2 2s^2 2p^6 3s^2 \equiv$ [Ne]$3s^2$
Al:	↑↓	↑↓	↑↓ ↑↓ ↑↓	↑↓	↑	$1s^2 2s^2 2p^6 3s^2 3p^1 \equiv$ [Ne]$3s^2 3p^1$
Si:	↑↓	↑↓	↑↓ ↑↓ ↑↓	↑↓	↑ ↑	$1s^2 2s^2 2p^6 3s^2 3p^2 \equiv$ [Ne]$3s^2 3p^2$
P:	↑↓	↑↓	↑↓ ↑↓ ↑↓	↑↓	↑ ↑ ↑	$1s^2 2s^2 2p^6 3s^2 3p^3 \equiv$ [Ne]$3s^2 3p^3$
S:	↑↓	↑↓	↑↓ ↑↓ ↑↓	↑↓	↑↓ ↑ ↑	$1s^2 2s^2 2p^6 3s^2 3p^4 \equiv$ [Ne]$3s^2 3p^4$
Cl:	↑↓	↑↓	↑↓ ↑↓ ↑↓	↑↓	↑↓ ↑↓ ↑	$1s^2 2s^2 2p^6 3s^2 3p^5 \equiv$ [Ne]$3s^2 3p^5$
Ar:	↑↓	↑↓	↑↓ ↑↓ ↑↓	↑↓	↑↓ ↑↓ ↑↓	$1s^2 2s^2 2p^6 3s^2 3p^6 \equiv$ [Ne]$3s^2 3p^6$

예상되는 전자배치에도 예외가 있다

바나듐을 포함하여 원자번호 23까지의 모든 원소에 대한 정확한 바닥상태의 전자배치를 말하는 데 쌓음 원리를 이용할 수 있다. 그러나 이 규칙을 엄격히 적용하면 다음 표에 나타낸 것과 같이 크롬에 대한 전자배치, [Ar] $4s^2 3d^4$와 구리에 대한 전자배치, [Ar] $4s^2 3d^9$가 된다. 그러나 실제로는 아래 표에 나타난 것과 같이 두 원소에 대한 정확한 전자배치는 크롬은 [Ar] $4s^1 3d^5$이고, 구리는 [Ar] $4s^1 3d^{10}$이다.

즉 Cr 또는 Cu에의 전자배치는 4s가 3d보다 에너지 준위가 낮기 때문에, 쌓음 원리를 지키려면 4s가 모두 채워지고 난 후에 3d에 전자가 채워져야 하지만, Cr 원자는 이러한 쌓음 원리를 지키지 않고 반만 채워진 s오비탈과 완전히 채워진 d오비탈의 배치를 가진다.

Cr : [Ar] $3d^5 4s^1$ (not [Ar] $3d^4 4s^2$)

Mn : [Ar] $3d^5 4s^2$

Fe : [Ar] $3d^6 4s^2$

Co : [Ar] $3d^7 4s^2$

Ni : [Ar] $3d^8 4s^2$

Cu : [Ar] $3d^{10} 4s^1$ (not [Ar] $3d^9 4s^2$)

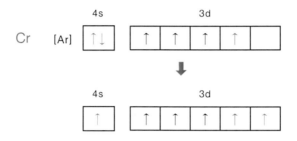

쌓음 원리에 어긋난 실제의 전자배치

원자가전자는 가장 높은 주 에너지준위에 있는 전자를 말한다

최외각전자는 원자에서 가장 바깥쪽 오비탈에 위치하는 전자를 말하고, 원자가전자(valence electron)란 최외각전자 중에서 반응에 참여하는 전자로 정의한다. 일반적으로 이러한 오비탈은 그 원자의 가장 높은 주 에너지준위(n)를 갖고 있으며, 화학적 성질을 결정한다.

예를 들어 유황의 원자는 16개의 전자를 갖고 있는데, 단지 6개의 전자가 최외각의 3s와 3p오비탈을 차지하고 있다. 유황의 전자배치는 [Ne]$3s^2 3p^4$이며, 유황은 6개의 원자가전자를 갖는다. 여기서 주의할 점은 유황의 원자가전자가 4가 아니라는 것이다. sp^4는 부 에너지준위이다. 즉 원자가전자의 수를 말할 때는 부 에너지준위는 고려하지 않고, 주 에너지준위를 기준으로 한다.

즉 1-17족의 원소들은 최외각 전자수와 원자가 전자 수가 같다. 그러나 18족 원소인 네온(Ne)의 최외각전자는 8개이며, 이들 전자들은 옥텟 규칙을 만족하고 안정적이어서 반응에 참여하지 않는다. 즉 원자가 전자는 0이다.

루이스 전자점식이란 무엇인가?

원자가전자는 화학적 결합에 관여하기 때문에, 화학자들은 전자-점 구조라고 하는 간단하고 손쉬운 방법으로 그것을 시각적으로 나타낸다. 원자의 '전자-점 구조'는 원자의 핵과 내부의 전자를 나타내는 원소 부호와 원자의 모든 원자가 전자를 나타내는 점들로 구성된다. 미국의 화학자 루이스(G. Lewis, 1875~1946)는 그 방법을 고안해 냈다. 즉 원자의 전자-점 구조를 쓰는 방법은 원자가 전자를 나타내는 점들은 원소 부호의 네 개의 변에 한 개씩 찍고, 그 후에 그것들이 모두 채워질 때까지 짝을 짓게 한다. 몇 가지 원소에 대한 바닥상태의 전자배치와 전자-점 구조가 아래 표에 나타나 있다. 그리고 이러한 전자점식을 이용한 NH_3, H_2O, CH_4와 같은 화학식의 루이스 구조식이 나타나 있다.

1족	2족	3족	4족	5족	6족	7족	8족
H·							·He·
Li·	·Be·	·B·	·C·	·N·	·O·	·F:	:Ne:
Na·	·Mg·	·Al·	·Si·	·P·	·S·	·Cl:	:Ar:
K·	·Ca·	·Ga·	·Ce·	·As·	·Se·	·Br:	:Kr:
Rb·	·Sr·	·In·	·Sn·	·Sb·	·Te·	·I:	:Xe:

NH_3 H_2O CH_4

$$H : \overset{\cdot\cdot}{\underset{\cdot\cdot}{N}} : H$$
$$H$$

$$H : \overset{\cdot\cdot}{\underset{\cdot\cdot}{O}} : H$$

$$\overset{H}{H : \overset{\,}{\underset{\cdot\cdot}{C}} : H}$$
$$H$$

$$H - \overset{\cdot\cdot}{\underset{|}{N}} - H$$
$$H$$

$$H - \overset{\cdot\cdot}{\underset{\cdot\cdot}{O}} - H$$

$$\overset{H}{\underset{H}{H - \overset{|}{\underset{|}{C}} - H}}$$

1. 수소의 이미션 스펙트럼에 나타나는 선이 불연속으로 나타나는 이유는 무엇인가?

2. 바닥상태와 들뜬상태의 차이는 무엇인가?

3. 원자가 바닥상태에서 들뜬상태로 여기하면 어떤 일이 생기는가?

4. 보아의 전자 궤도 모델에서, 낮은 궤도에서 궤도가 높아지면 전자의 에너지 준위는 높아지겠는가? 낮아지겠는가?

5. 전자가 입자라는 것은 오래전에 증명되었는데, 그 실험은 어떤 실험인가?

6. 전자가 파동성을 갖는다는 것은 누가, 어떻게 제시하였는지 말해보라.

7. 드브로이의 식에서 전자의 파장은 mv와 어떤 상수로 연결되어 있나? 또 이 관계식은 무엇을 전제로 한 것인가?

8. 보아의 전자가 일정한 반경의 궤도를 돈다는 이론은 왜 무너지게 되었나? 그리고 이에 따라 제시된 가설은 무엇인가?

9. 하이젠베르크의 불확정 원리는 원자의 모델에 어떤 기여를 하게 되었나?

10. 현대의 양자역학적 원자 모델에서는 전자가 존재하는 위치를 어떻게 설명하고 있는가?

11. 오비탈과 전자껍질은 무엇이 같고, 무엇이 다른가?

12. 전자의 대부분 에너지를 결정하는 가장 중요한 오비탈은 무엇인가?

13. 전자의 부에너지 준위를 나타내는 세 가지는 무엇인가?

14. p오비탈은 몇 가지가 있으며, 그 이유는 무엇인가?

15. 원자의 오비탈에서 전자가 전자배치를 하는 3대 원칙은 무엇인가?

16. 쌓음 원리에는 예외가 있을 수 있는가? 아니면 없는가?

17. 훈트의 규칙은 왜 생기게 되었나?

18. n=3인 원자에서 나타나는 오비탈은 어떤 것이 있는가?

19. 원자가 전자란 정확히 무엇을 말하고, 이는 왜 중요한가?

20. 전자배치 표기법 중에서 희유가스 표기법은 어떻게 하는 것인가?

21. 전자점식 표기법이란 어떻게 하는 것이며, 그 편리성은 무엇인가?

1. 칼슘은 다음 중 어느 경우에 f오비탈에 전자를 가질 수 있나?

   ㉠ 칼슘이 원자 상태로 존재할 때

   ㉡ 칼슘이 들뜬상태에 있을 때

   ㉢ 칼슘이 양이온이 되었을 때

   ㉣ 칼슘이 음이온이 되었을 때

2. 다음에서 전자쌍을 이루지 않은 전자배치를 가장 많이 갖고 있는 것은 어느 것인가?

   ㉠ Mg   ㉡ Si

   ㉢ P   ㉣ Al

3. 다음 중에서 원자가전자에 대해서 올바르게 설명한 것은?

   ㉠ 최종적으로 채워지지 않은 에너지 준위에 있는 전자이다.

   ㉡ 가장 높은 에너지 준위 또는 전자껍질에 있는 s 또는 p전자이다.

   ㉢ 에너지 부준위에서 모든 최외각에 있는 전자이다.

   ㉣ 희유가스 원소 바로 뒤의 원자에 있는 전자이다.

4. 다음 중 어느 것이 전자의 질량을 계산하는 데 이용되었나? 2개를 말하라.

   ㉠ 러더퍼드의 알파 입자의 금박 충돌 실험

   ㉡ 톰슨의 전기장과 자장을 적절히 조절하여 가한 음극관 실험

   ㉢ 아인슈타인의 광전자 실험

   ㉣ 밀리컨의 오일 낙하 실험

5. 다음 중에서 돌턴의 원자론의 일부가 아닌 것은?

   ㉠ 원자는 더 작은 중성자와 양성자로 이루어져 있다.

   ㉡ 모든 물질은 원자로 이루어져 있다.

   ㉢ 어떤 물질을 이루는 원자는 그 물질의 다른 모든 원자와 동일하다.

   ㉣ 화학반응이란 원자들의 재배치일 뿐이다.

6. 원자의 양자역학 모델(전자의 존재확률 모델)의 근간이 된 이론은 다음 중 어느 것인가?

⊙ 톰슨의 푸딩 모델

ⓛ 러더퍼드의 금박충돌 실험

ⓒ 보아의 원자 궤도 이론

ⓔ 하이젠버그의 불확정성 원리

7. 다음 중에서 오비탈의 방향을 결정하는 것은 어느 것인가?

⊙ p오비탈   ⓛ s오비탈

ⓒ 자기 양자수(m$_l$)   ⓔ 방위 양자수(l)

8. 다음 중에서 오비탈의 모양를 결정하는 것은 어느 것인가?

⊙ 주 양자수(n)   ⓛ 방위양자수(l)

ⓒ 자기양자수(m$_l$)   ⓔ p오비탈

9. 다음 중에서 원자의 구조를 아는 데 이용한 가장 중요한 실험은?

⊙ 각 원소의 밀도

ⓛ 각 원소의 비열

ⓒ 각 원소가 내는 X-선 방사

ⓔ 각 원소가 내는 이미션 스펙트럼, 특히 수소 원자

10. 다음 중에서 원자 안에는 아주 작은 양전하를 가진 핵이 있다는 개념을 준 실험은 어느 것인가?

⊙ 러더퍼드의 금박 충돌 실험

ⓛ 밀리컨의 유적 실험

ⓒ 톰슨의 음극선 실험

ⓔ 돌턴의 원자 실험

정답

1. ⓛ 2. ⓒ 3. ⓛ 4. ⓛ, ⓔ 5. ⊙ 6. ⓔ 7. ⓒ 8. ⊙ 9. ⓔ 10. ⊙

원소의 주기적 성질

현대적 주기율표의 발전

주기율표는 과학자들이 원소들을 비교하고, 조직화하기 위한 편리한 방법을 찾으면서 오랜 시간에 걸쳐서 진화하였다. 시장에서 사과, 배, 오렌지와 복숭아가 한 바구니에 섞여 있다고 생각해 보자. 그것들을 종류에 따라 분류한다면 편리할 것이다. 그런 목적으로 과학자들은 많은 종류의 원소를 주기율표에 분류하였다.

주기율표의 발전 과정

1700년대 후반 프랑스의 과학자, 라보아제(A. Lavoisier, 1743~1794)는 그 당시에 알려진 모든 원소의 목록을 만들었다. 33가지의 원소가 네 가지로 분류되어 있다. 은, 금, 탄소, 산소를 비롯한 많은 것은 선사시대부터 알려져 왔다. 1800년대에는 더 많은 원소가 알려졌다. 화합물을 각각의 성분으로 분리할 수 있게 한 전기의 출현과 새롭게 분리된 원소를 식별할 수 있게 하는 스펙트로메타(spectrometer)는 화학의 발전에 중추적 역할을 하였다. 1800년대 중반의 산업혁명도 이에 큰 역할을 하였다. 또한 산업혁명은 석유화학 제품, 비누, 염료 그리고 비료의 제조와 같은 화학에 기초한 새로운 산업의 발달을 이끌었다. 1870년까지 대략 70가지의 원소가 알려졌다.

새로운 원소가 발견됨에 따라 그 원소와 화합물에 관련된 많은 새로운 과학적 데이터가 얻어졌다. 그 당시의 과학자들은 수많은 원소와 화합물의 성질을 아는 것에 흥분했다. 그 당시에 화학자들이 필요로 한 것은 그 원소들과 관련된 많은 사실을 정리하기 위한 도구였다. 1860년에 이 목적에 의미 있는 진전이 있었다. 그것은 화학자들이 원소들의 원자량을 정확히 결정하는 데 동의한 것이다. 이전까지만 해도 여러 화학자는 각기 다른 원자량을 사용했기 때문에 한 화학자의 연구를 다른 화학자가 재현하는 것은 어려웠다. 그 후 새롭게 합의한 원소의 원자량을 가지고 원자량과 그 원소의 성질과의 관계를 탐구하였고, 원소들을 정리하는 방법도 진지하게 시작되었다.

뉴랜드의 분류

1864년에 영국의 화학자 뉴랜드(J. Newland, 1837~1898)은 원소들을 조직적으로 정리해서 도식화할 것을 제안하였다. 그는 원소를 원자량이 증가하는 순서로 나열하면, 그 성질이 여덟 번째마다 반복된다는 것을 알아차렸다. 이러한 경향은 일정하게 반복되기 때문에 주기적이라 부른다. 뉴랜드는 화학적 성질에서의 주기적 관계를 음악에서 각 음이 여덟 번째마다 반복되는 옥타브(octave)를 따라 옥타브 법칙(law of Ctaves)이라고 불렀다.

이 옥타브 법칙은 모든 원소에는 들어맞지 않아서 곧 수용되지는 않았다. 또한 옥타브란 단어의 사용은 동료 과학자들로부터 음악에 비유하는 것은 비과학적이라고 거세게 비판받았다. 그의 법칙이 일반적으로 수용되지 않은 채 몇 년이 지난 후에야 뉴랜드가 근본적으로 옳았다는 것이 밝혀졌다. 즉 원소들의 성질은 정말로 주기적으로 반복되었다.

마이어와 멘델레프의 분류

1869년에 독일 화학자 마이어((Meyer, 1830~1895)와 구 소련 화학자 멘델레프 (Mendeleef, 1834~1895)는 독자적으로 원자량과 그 원소의 성질과의 관계를 밝혀냈다. 그러나 멘델레프가 먼저 그 핵심을 발표를 했기 때문에 마이어보다 더 인정받고 있다. 멘델레프는 뉴랜드가 수년 전에 말한 것처럼 원자들을 원자량이 증가하는 순서대로 놓으면, 그 성질에 주기적인 패턴이 있음을 알아냈다.

그는 원자량이 커지는 순서로 비슷한 성질을 갖는 족(column)에 정렬하여 다음 그림과 같은 멘델레프 표를 만들었다. 이 표는 나중에 발견되지만 아직 발견되지 않은 원소들의 존재와 성질을 예상했기 때문에 널리 수용되었다.

멘델레프는 그 표에 발견되지 않은 원소가 들어갈 자리를 빈칸으로 남겨놓았다. 그리고 그는 이미 알려진 원소들의 성질에 대한 경향을 파악해서 앞으로 발견될 스칸듐(scandium) 갈륨(gallium)과 게르마늄(germanium)의 성질을 예측하였다.

모슬리의 분류

그러나 멘델레프의 표는 완전히 정확하지는 못했다. 즉 몇 가지 새로운 원소가 발견된 이후에, 또한 이미 알려진 원소의 원자량이 더욱 정확하게 결정된 후에 그의 표에서 몇 개 원소의 순서가 틀린 것이 분명해보였다. 원자량 순서로 정렬하면 다른 성질을 가진 몇 가지 원소가 같은 족에 있게 되었다.

그 이유는 1913년에 영국의 화학자 모슬리(H. Moseley, 1887~1915)에 의해서 밝혀졌다. 앞에서 배운 것을 기억하면 원자는 그 핵 안에 고유한 수의 양자를 가지며 그 수는 원자번호와 동일하다. 따라서 모슬리는 원소들을 원자번호가 커지는 순서로 정렬했더니 멘델레프의 표에서 생긴 문제가 해결되었다. 즉 원자번호의 순서대로 정렬한 모슬리의 주기율표에서는 원소들의 성질에 명확한 주기적 유형이 나타났다. 원소들을 원자번호가 커지는 순서로 정렬하면, 그 원소들의 물리적, 화학적 성질에 주기적인 반복이 있다고 하는 것이 주기율 법칙이다.

이 주기율표는 서로 관계가 없다고 여겨졌던 사실을 정리해주었고, 화학자들에게는 유용한 도구가 되었다. 즉 이 주기율표는 원소들의 성질을 이해하거나 예측하는 데 유용한 참고자료가 되었으며, 또한 원자의 구조를 아는 데도 이용되었다.

현대적 주기율표

현대적 주기율표는 원소의 이름, 부호, 원자번호와 원자량을 포함하는 상자로 구성되어 있다. 아래 그림에 전형적인 현대적 주기율표가 나타나 있다. 이 주기율표는 원자번호가 증가하는 순서로 정렬되어 있으며, 세로로 서 있는 줄은 〈족(group)〉이라 하고 가로에 있는 줄은 〈주기(period)〉라고 부른다.

1주기의 수소를 시작으로 전체 7개의 주기가 있다. 각 족은 1부터 18까지 번호가 붙여져 있다. 예를 들어 4주기에는 칼륨(K)과 칼슘(Ca)이 있다.

스칸듐(Sc)은 왼쪽에서 세 번째의 세로줄, 즉 3족에 있다. 산소는 16족에 있다. 1, 2족 그리고 13족에서 16족에 있는 원소들은 광범위한 물리적, 화학적 성질을 갖고 있다. 이런 이유 때문에 그것들은 대표원소(representative elements)라고 부른다. 3족에서 12족까지의 원소는 전이원소(transition elements)라고 부른다. 그리고 원소들은 금속, 비금속 그리고 메탈로이드(metalloid)로 분류된다.

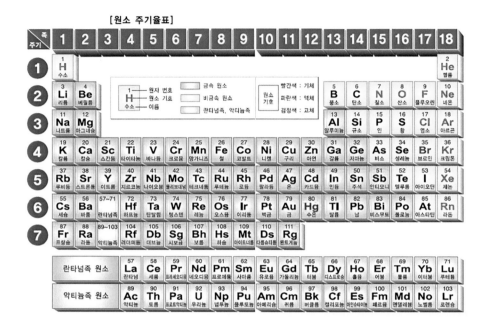

[원소 주기율표]

금속의 특성

원소 중에서 앞으로 설명할 금속결합을 하고 있으며, 표면이 평탄하고 보통 상온에서 광택이 있고, 열과 전기를 잘 통한다. 이런 특징을 가진 원소를 금속(metal)이라고 부르며, 세라믹스(ceramics)와 고분자(polymers) 재료와 함께 세상에 존재하는 모든 물질의 대부분을 차지한다. 대부분 금속은 강하며 가공성이 좋고, 인성과 연성이 크다. 그 뜻은 얇은 판이나 줄 형태로 쉽게 만들 수 있다는 뜻이다. 대부분 대표원소와 모든 전이원소는 금속이다. 13족의 보론(B)을 보면 17족 밑의 아스타틴(At, astatine)까지 계단식 선을 볼 수 있는데, 이 선이 주기율표상에서 금속과 비금속을 나누는 선이다.

알칼리 금속의 특징

수소를 제외하고 주기율표의 왼쪽의 원소들은 금속이다. 수소를 제외하고 1족의 원소들은 알칼리(alkali) 금속으로 알려져 있다. 이 원소들은 반응성이 매우 강하기 때문에 다른 원소와 화합물로 존재한다. 두 가지 친숙한 원소는 소금의 성분인 나트륨(Na)과 건전지에 쓰이는 리튬(Li)이다.

알칼리 토금속의 특징

알칼리 토금속(alkaline earth metal)은 2족에 있다. 이 원소들 역시 반응성이 매우 강하며, 칼슘(Ca)과 마그네슘(Mg)이 그 예이다. 칼슘은 뼈에 많이 들어 있는 성분이며, 마그네슘은 고체이면서 비교적 가벼워서 컴퓨터와 같은 전자소자에 쓰인다.

전이금속과 내부전이금속

전이원소는 전이금속(transition metals)과 내부전이금속(inner transition metal)으로 나누어진다. 란타넘족(lanthanide series)과 악티늄(actinide series) 족은 주기율표의 맨 아래쪽에 있다. 3족에서 12족 사이의 다른 원소들이 전이금속을 이룬다. 란타넘족의 원소들은 전자와 부딪히면 빛을 발하는 원소인 인(phosphor)과 같은 용도로 많이 쓰인다. 전이금속의 하나인 타이타늄(titanium)은 강하고 가볍기 때문에 자전거나 안경의 틀에 사용된다.

비금속

비금속(nonmetals)은 주기율표의 오른쪽 윗부분을 차지한다. 그것들은 위 주기율표에서 노란색으로 표시되어 있다. 비금속 원소들은 보통 기체이거나 취성(brittle)이 있고, 무광택을 나타낸다. 그것들은 열이나 전기를 잘 통하지 않는다. 상온에서 액체인 비금속은 오직 브롬(bromine)뿐이다. 인간의 몸에 가장 많이 함유된 원소는 비금속인 산소이며, 체중의 65%를 차지한다. 17족은 반응성이 매우 강한 원소인 할로겐(halogen)으로 되어 있다. 1족이나 2족의 원소와 같이 할로겐은 흔히 화합물의 일부다. 할로겐의 하나인 불소(F)로 된 화합물은 치약이나 음료수에 첨가하여 치아의 부패를 방지하는 데 쓰인다.

반응성이 거의 없는 18족 원소는 보통 희유가스(noblegases)라 불린다. 그리고 이 희유가스는 레이저(laser)와 전구 그리고 네온사인 등에 쓰인다.

준금속

위 주기율표에서 금속과 비금속의 경계를 이루는 계단식 선에 있는 B, Si, As, Te, At,ge, Sb, Po은 준금속 또는 메탈로이드(metalloids)라 부른다. 이 준금속은 금속과 비금속 두 가지 모두의 물리적, 화학적 성질을 함께 갖고 있다. 실리콘(Si)과 게르마늄(Ge)은 두 가지 중요한 메탈로이드이며 현대에 와서 컴퓨터 칩과 태양전지에 많이 쓰이게 되었다.

원소의 분류

원소들은 주기율표에 그들의 전자배치에 따라 각각 다른 구역에 정리되어 있다. 그 이유는 편지를 배달하기 위해서는 거리 이름, 시, 도와 같은 정보가 필요하듯이, 화학적 원소는 그들의 전자배치에 관한 정보에 따라 분류된다.

원소 분류는 전자배치로 한다

지난 장에서 읽었겠지만 전자배치는 원소의 화학적 성질을 결정한다. 쌓음원리 도표를 이용한 전자배치를 모두 자세히 쓰는 것은 지루한 일이다. 다행히 주기율표상의 위치로부터 그 원소의 전자배치와 최외각 전자의 수를 알 수 있다. 아래 표에 1-8족 원소들의 전자배치가 나타나 있다. 1족의 5가지 원소의 전자배치는 모두 최외각에 1개의 전자를 갖고 있고, 2족 원소는 최외각 전자가 2개, 3족은 3개 등임을 알 수 있다.

1족	2족	3족	4족	5족	6족	7족	8족
H·							·He·
Li·	·Be·	·B·	·C·	·N·	·O·	·F·	:Ne·
Na·	·Mg·	·Al·	·Si·	·P·	·S·	·Cl:	:Ar:
K·	·Ca·	·Ga·	·Ce·	·As·	·Se·	·Br:	:Kr:
Rb·	·Sr·	·In·	·Sn·	·Sb·	·Te·	·I:	:Xe:

원자가전자란 어떤 전자인가?

원자의 가장 높은 주 에너지준위에 있는 전자를 〈최외각전자(outermost electron)〉라고 부르고, 원자의 화학반응에 참여하는 전자를 〈원자가전자(valence electron)〉라고 하는 것을 기억하자. 이 두 가지는 18족 원소를 제외하고는 같은 의미로 쓰인다. 즉 1족의 각 원소들은 그 가장 높은 에너지 준위에 1개의 전자를 갖고 있다. 따라서 각 원소는 1개의 원자가 전자를 갖고 있다. 1족의 원소들은 모두 같은 수의 원자가 전자를 갖고 있기 때문에 비슷한 화학적 성질을 갖고 있다. 이것은 화학에서 가장 중요한 연관성 중의 하나이다. 즉, 같은 족의 원소들은 모두 같은 수의 원자가전자를 갖고 있기 때문에 비슷한 화학적 성질을 갖고 있다는 것이다. 1족의 원소들은 모두 s1의 전자배치를 갖고 있다. 2족의 원소들은 s2의 전자배치를 갖고 있다. 아래 그림에서 알 수 있듯이, 주기율표에서 13-18족의 각 원소는 족의 수에서 10을 뺀 값의 최외각 전자를 갖는 전자배치를 갖고 있다. 즉 15족을 보면 최외각 전자의 수는 모두 5개이다.

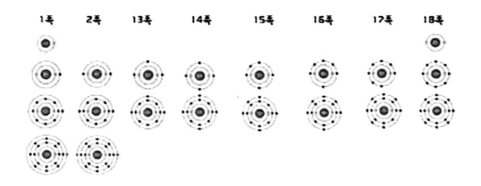

원자가전자의 주 에너지준위는 그 주기와 같다

한 원소의 원자가전자가 있는 에너지 준위는 주기율표상에서 그 원소가 위치하는 주기를 나타낸다. 예를 들어 리튬(Li)의 전자배치는 $1s^2\ 2s^1$이므로 원자가 전자는 두 번째 주 에너지준위에 있으며, 리튬은 2주기에 있게 된다. 또한 칼륨(K)을 보면 그 전자 배치는 $1s^2\ 2s^2\ 2p^6\ 3s^2\ 3p^6\ 4s^1$이므로 칼륨의 원자가 전자는 4번째 에너지준위에 있고, 따라서 주기율표에서 칼륨은 4번째 주기에서 발견된다.

대표원소의 원자가전자는 어떻게 알 수 있는가?

1족의 원소들은 1개의 전자가전자를 갖고, 2족의 원소들은 2개의 원자가전자를 갖고 있다. 13족의 원소들은 3개의 원자가전자를 갖고 있고, 14족은 4개 등이다. 18족의 희유가스는 모두 8개의 원자가전자를 갖고 있지만, 헬륨은 예외로 2개의 원자가전자를 가지고 있다.

앞의 그림은 앞에서 배운 전자-점 구조가 족의 숫자와 원자가전자의 숫자가 어떻게 연관되어 있는지를 보여준다. 13-18족 원소의 원자가전자의 수는 그 원소가 속한 족의 수보다 10이 적다.

s, p, d, f 블록 원소란 무엇인가?

주기율표는 여러 크기의 세로줄(columns)과 가로줄(rows)을 갖고 있다.

주기율표가 이와 같이 이상한 모양을 하는 이유는 그것이 구역(section) 또는 블록(block)으로 나누어져 있기 때문이다. 그리고 이 구역 또는 블록은 원자가전자로 채워진 원자의 부 에너지준위를 말해준다. 원자에는 s, p, d, f와 같은 네 가지의 부 에너지준위가 있기 때문에, 주기율표는 다음 그림과 같이 4개의 블록으로 나누어져 있는 것이다.

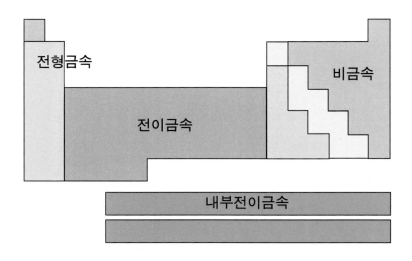

전형금속(s-블록원소)이란?

에스 블록은 1족과 2족 그리고 헬륨으로 되어 있다. 1족 원소는 1개의 밸런스 전자를 갖고 있으며, s^1으로 끝나는 전자배치를 하고 있는 부분적으로 채워진 s오비탈을 갖고 있다. 2족의 원소는 두 개의 밸런스전자를 갖고 있으며, s^2로 끝나는 전자배치를 하고 있는 완전히 채워진 s오비탈을 갖고 있다. s오비탈은 최대 2개의 전자를 가질 수 있기 때문에 s 블록은 2개의 족에 걸쳐 있게 된다.

준금속과 비금속 원소(p-블록 원소)이란?

s오비탈까지 모두 채워진 후에는 원자가 전자는 p오비탈을 채운다. 13-18족으로 이루어진 p블록은 꽉 차거나 부분적으로 채워진 p오비탈을 가진다. 첫 번째 주 에너지준위(n = 1)에는 p오비탈이 존재하지 않기 때문에 1족에는 p블록 원소는 없다. 첫 번째 p블록 원소는 2족의 보론(B)이다. p블록 원소는 6개의 족에 걸

쳐 있다. 그 이유는 세 개의 p오비탈은 최대 6개의 전자를 가질 수 있기 때문이다. 18족의 원소들(희유가스)은 p블록에 속하는 특유의 원소이다. 그 원자들은 매우 안정되어 전혀 화학반응을 하지 않는다.

4가지 희유가스 원소의 전자배치가 아래 그림에 나타나있다. 각 주기의 주 에너지준위에 해당하는 s오비탈과 p오비탈이 완전히 채워져 있다. 이러한 전자배치는 아주 안정된 원자구조를 갖게 된다. s블록과 p블록이 함께 대표원소(representative element)를 구성한다.

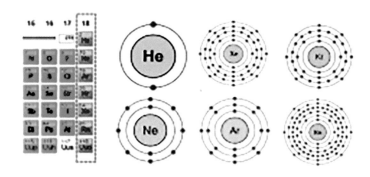

전이금속(d-블록 원소)이란?

d블록은 전이금속을 포함하고 있으며 제일 큰 블록이다. 예외가 있긴 하지만 d블록은 최외각의 에너지 준위 n의 s오비탈이 채워지고, n-1 에너지 준위의 d오비탈이 꽉 채워지거나 부분적으로 채워지는 특징이 있다.

주기율표를 가로지르면서 전자들은 d오비탈을 점차적으로 채우게 된다. 예를 들어 d블록의 첫 번째 원소, 스칸듐(Sc)은 [Ar] $4s^2$ $3d^1$의 전자배치를 갖는다. 주기율표에서 그다음 원소인 타이타늄은 [Ar] $4s^2$ $3d^2$의 전자배치를 갖는다. 타이타늄의 채워진 최외각 s오비탈은 n = 4의 에너지준위를 갖고, 부분적으로 채워진 d오비탈은 n = 3의 에너지준위를 갖는 것에 유의하라.

앞에서 배운 쌓음 원리는 4s오비탈이 3d오비탈보다 에너지 준위가 낮다는 것을 말해준다. 따라서 4s오비탈이 3d오비탈보다 먼저 채워지는 것이다. 5개의 d오비탈은 최대 10개의 전자를 가질 수 있기 때문에, d블록은 10개의 족에 걸쳐 있게 된다.

내부전이금속(f-블록 원소)이란?

f블록의 원소들은 내부전이금속이다. 그 원소들은 꽉 채워지거나 부분적으로 채워진 s오비탈과, 꽉 채워지거나 부분적으로 채워진 4f와 5f오비탈을 가지고 있다. f 부준위의 전자들은 그 오비탈을 예측이 가능하도록 채우지는 않는다. 7개의 f오비탈은 최대 14개의 전자를 가질 수 있으므로, f블록은 주기율표에서 14개의 세로줄에 걸쳐 있게 된다.

따라서 s-, p-, d와 f-블록은 주기율표의 모양을 결정한다. 주기율표 밑으로 쭉 내려갈수록 주 에너지준위는 높아지고, 전자를 포함하는 오비탈의 숫자도 늘어나게 된다. 1족은 다시 s블록 원소들만 포함하고, 2주기와 3주기는 s블록 원자와 p블록 원자를 포함한다. 4주기와 5주기는 s, p, d 블록 원소들을 포함하고, 6주기와 7주기는 s, p, d, f 블록 원소들을 포함한다.

주기율표의 완성에는 많은 시간 걸렸으며 아직도 새로운 원소가 합성되고 있어서 미완성이다.

주기율표에서 나타나는 주기적 경향

주기율표에서 나타나는 원소들의 주기적 경향이란 그 원소의 크기 또는 전자를 잃거나 끌어당기는 능력에 주기적 경향이 있다는 것이다. 예를 들어 달력은 어떤 활동을 추적하는 데 매우 유용하다. 즉 만일 수요일마다 운동을 한다면, 다음 달 며칠에 운동을 해야 하는지 예상할 수 있다. 이와 같이 원소들을 주기율표에 조직적으로 정리해 놓으면, 그 주기율표로부터 많은 원소의 특징을 알 수 있고, 또한 다른 원소의 특징도 예측할 수 있다.

주기율표의 족과 주기의 개념

원소들을 원자번호, 즉 원소가 가지고 있는 전자의 수가 적은 것부터 많은 순서로 나열하면, 8개를 주기로 비슷한 화학적 성질을 가진 원소들이 같은 족 또는 같은 주기에 배열하게 되어 현대의 주기율표를 만들게 된다. 즉 같은 족에는 원소들의 원자가전자의 수가 같은 원소들이 배열되며, 다만 주기가 하나씩 커질수록, 원자가전자의 수는 변하지 않고, 전자껍질의 수가 하나씩 늘어난다. 즉 같은 족에 속한 원소들이 이온화하여 원자가전자를 잃어버려 이온이 되면, 그 이온의 전하수는 같아서 화학결합을 할 때 비슷한 메커니즘으로 결합하게 된다.

반면에 같은 주기에는 원자가전자의 껍질 수가 같은 원소가 배열되며, 다만 족이 하나씩 커질수록, 전자껍질의 수는 변하지 않고 원자가전자의 수가 하나씩 늘어난다. 즉 같은 주기에 속한 원소들이 이온화하여 원자가전자를 잃고 이온이 될 때는, 그 이온의 전하량이 다르게 되고, 이온화하는 데 필요한 에너지(이온화 에너지)가 다르게 된다.

이와 같이 족과 주기로 구분되는 주기율표에 나타나는 화학적, 물리적 성질의 변화와 주기성을 활용하면, 다른 원소 간에 일어나는 화학결합의 방법이나 결합 에너지 또는 결합 길이 등도 예측할 수 있다. 또한 어떤 원소의 특성을 같은 계열 또는 같은 블록의 원소와 비교하여 예측할 수 있다.

원자 반경의 주기성은 왜 나타나는가?

원소들의 많은 성질은 주기적으로 변하는 성질이 있다. 다시 말해 이것은 주기율표에서 주기의 가로 방향으로 또는 족의 세로 방향으로 나타나는 경향이다. 원자의 크기는 전자배치에 영향을 받는 주기적 경향이다. 앞에서 나온 핵을 둘러싼 전자구름은 명확한 경계가 없다는 것을 기억하자. 전자구름의 바깥 경계는 그 안에서 전자를 발견할 확률이 90%라는 것이다. 그러나 이 경계의 표면은 물리적으로 존재하는 것은 아니다. 원자의 크기는 한 원자가 근접하는 원자와 얼마큼 가깝게 놓여있는가로 정의한다. 이러한 근접한 원자의 상태는 물질에 따라 다르기 때문에 전자배치가 다른 원자의 크기도 그 물질에 따라 다르며, 전자배치가 주기적으로 나타나듯이 원자 반경도 주기적으로 변하게 된다.

원자 반경은 어떻게 결정하나?

나트륨과 같은 금속의 원자 반경은 아래 그림에 나타낸 것과 같이 그 원소가 만드는 결정에서 두 근접한 원자 사이의 1/2거리로 정의된다.

많은 비금속에서와 같이 분자 상태로 있는 원소의 원자 반경은 서로 화학적으로 결합된 동일한 원자 사이의 거리로 정의한다. 아래 그림에 두 가지의 예가 나타나 있다.

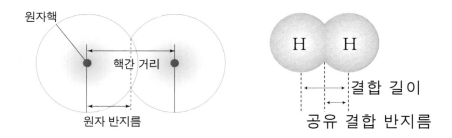

전자의 가림막 효과와 원자핵의 유효 핵전하란 무엇인가?

원자 반경은 위에서 말한 대로 원자핵 간 거리의 1/2이기 때문에, 원자 한 개의 크기와 같은 개념이다. 그런데 원자 한 개의 크기는 전자들이 원자핵의 양전하에 이끌리는 정도에 따라 달라진다. 원자핵 주위에는 앞에서 말한 대로 전자들이 여러 에너지 준위에 따라 존재하는데, 이 전자들이 원자핵의 양전하를 막아주는 효과, 즉 전자의 '가림막 효과(shielding effect)'를 갖게 된다.

 이 전자의 가림막 효과는 전쟁에서 적국의 왕(원자 핵)으로부터 자국의 왕(원자가전자)을 보호하기 위하여 자국의 왕 주위에 군대를 겹겹이 배치하는 것에 비유할 수 있다. 즉 군대가 자국 왕을 둘러싸는 겹 수가 증가하면(같은 족에서 주기의 수가 커지면) 적국의 왕과 자국의 왕의 거리가 멀어지게 되고, 적국 왕의 힘도 약해져(원자 반경이 커지고), 그 겹 수가 작으면 그만큼 거리가 가깝게 되어(원자 반경이 작아지게) 자국의 왕이 위험하게 되는 논리와 유사하다. 그리고 유효 핵전하는 적국의 왕의 힘에 비유하면 좋을 것이다. 즉 친위대의 겹 수가 많아지면 적의 왕의 힘은 상대적으로 약해지는 것으로 비유할 수 있다.

 또한 원자번호가 커지는 것은 적국 왕의 군대의 수가 많아지는 것으로 비유할 수 있다. 따라서 같은 주기 안에서 원자번호가 증가하는 것은 적국 왕의 군대는 힘이 강해지는데, 자국 왕을 보호하는 군대의 겹 수는 많아지지 않고, 단지 자국 왕을 가까이에서 보호하는 친위대의 수만 커지는 것에 비유하면 될 것이다. 이렇게 되면 결국 적국의 왕은 자국의 왕을 포획할 힘이 커지게 되어(유효 핵전하가 크게 되어) 원자 반경이 작아지게(자국 왕이 포획될 가능성이 커지게) 된다.
 또한 이온화 에너지는 자국의 왕을 구출하는 데 필요한 군대의 크기로 비유될 수 있고, 전기음성도는 자국의 왕을 구출하려고 오는 군대가 적에게 포획될 가능성에 비유할 수 있다.

이러한 전자의 가림막 효과가 생기게 되면 원자핵 안의 양성자가 전자를 끌어당기는 힘은 줄어들게 된다. 즉 원자 번호의 증가에 따라 양성자가 증가하여 원자핵의 양전하량이 증가하는데, 이 양전하량의 전하가 전자들의 가림막 효과 때문에 줄어들어 실제로 전자에 작용하는 인력은 줄어든다는 것이 '유효 핵전하'다. 즉 가림막 효과가 커지면 당연히 유효 핵전하는 감소하게 된다. 이 두 가지의 상대적 크기가 앞으로 말할 원자 반경의 크기, 이온화 에너지, 전기음성도에 영향을 주어 주기율표에서 이들의 경향이 주기와 족에 따라 나타나게 되는 것이다. 아래 그림에 전자의 가림막 효과가 생기는 원리를 나타냈다.

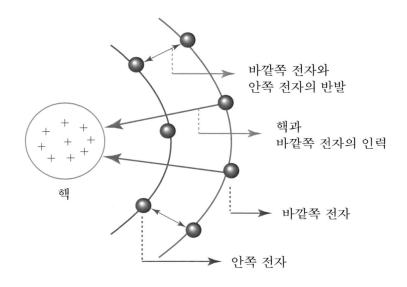

원자의 반경에 가장 큰 영향을 주는 것은 주 에너지 준위(주 양자수)의 수이다. 즉 원자핵 주위에 핵 모형 그림의 전자껍질(주 에너지준위 또는 주 양자수, n)의 수가 많아질수록, 원자 반경은 커진다. 그런데 여기에 덧붙여서 전자가 많아지면 위에서 말한 가림막 효과가 생기게 된다. 따라서 같은 족 안에서는 주기가 커지면, 주 에너지 준위가 커지면서 전자껍질의 수가 증가하여 원자 반경은 커지게 된다. 그러나 같은 주기 안에서 전자수가 증가하면(즉 족의 수가 커지면), 전자껍질의 수는 같은데 전자의 수만 증가하게 된다. 따라서 원자핵의 양전하는 증가하는 데 비하여, 전자들의 가림막 효과의 거의 증가하지 않는다. 따라서 같은 주기 안에서 원자번호가 커지면, 원자 반경은 작아지게 된다. 그리고 이와 같은 경향은 다른 주기에서도 똑같이 나타난다.

같은 주기 안에서 원자반경의 경향

일반적으로 주기를 가로질러 왼쪽에서 오른쪽으로 갈수록 원자 반경은 작아진다. 이 경향은 아래 그림과 같이 핵 안의 양전하는 증가하지만 주기 내에서의 주 에너지준위는 같게 유지되기 때문이다. 즉 각 원소는 오른쪽으로 갈수록 한 개의 양자와 한 개의 전자가 추가되고, 그 한 개의 전자는 같은 주 에너지준위에 해당하는 오비탈에 추가된다.

즉 같은 주기에서 오른쪽으로 갈수록 핵과 원자가전자 사이에 전자는 추가되지 않는다. 그래서 원자가전자는 증가된 원자핵의 전하로부터 차폐되지 못한다. 즉 위에서 말한 전자의 가림막 효과는 커지지 않는 데 반해서 원자핵의 유효 핵전하는 증가한다. 따라서 최외각의 전자는 핵으로 보다 가까이 끌어당겨지며, 원자 반경은 작아진다. 이와 같은 경향은 다른 주기 안에서도 동일하게 나타난다. 아래 그림에 주기와 족에 따른 원자 반경의 크기 변화의 경향이 나타나 있다.

주기	1	2	13	14	15	16	17	18
2	Li 134	Be 90	B 82	C 77	N 75	O 73	F 71	Ne 69
3	Na 154	Mg 130	Al 118	Si 111	P 106	S 102	Cl 99	Ar 97
4	K 196	Ca 174	Ga 126	Ge 122	As 119	Se 116	Br 114	Kr 110
5	Rb 211	Sr 192	In 144	Sn 141	Sb 138	Te 135	I 133	Xe 130

같은 족 안에서 원자 반경의 경향

같은 족에서는 아래로 내려갈수록 원자 반경은 일반적으로 커진다. 왜냐하면 주 에너지 껍질의 수가 많아져서 전자의 가림막 효과가 커지기 때문이다.

원자 번호가 증가하면 핵의 전하량은 증가하고, 족의 수가 커지면 전자들은 연속적으로 더 높은 주 에너지준위에 해당하는 오비탈에 추가된다. 그러나 증가된 핵의 전하는 외곽의 전하를 핵 쪽으로 끌어당겨 원자를 더 작게 하지는 못한다. 왜냐하면 전자의 가림막 효과는 커지고, 따라서 원자핵의 유효 핵전하는 감소하기 때문이다.

이렇게 핵으로부터 멀어진 거리의 효과는 증가된 핵전하가 전자를 끌어당기는 효과를 능가하게 된다. 또한 핵과 외각의 전자들 사이에 있는 오비탈이 채워져서, 이 전자들이 핵이 외각의 전자들을 당기는 것을 방해한다. 즉 가림막 효과가 생기게 된다. 이러한 여러 가지 요인이 작용하여 같은 족에서 아래로 내려갈수록 원자 반경은 커지게 된다. 아래 그림에 이러한 주기율표상에서 주기와 족의 증가에 따라 변하는 원자 반경 크기의 경향을 나타냈다.

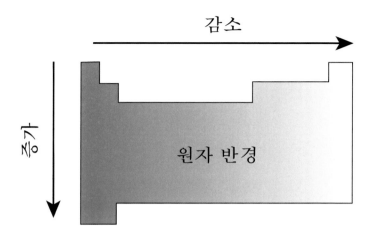

감소

증가

원자 반경

이온 반경과 원자 반경의 비교

원자들은 한 개 또는 그 이상의 전자를 잃거나 얻음으로써 이온이 된다. 전자는 음전하를 갖고 있기 때문에, 원자는 전자를 잃거나 얻게 되면 그 차이 만큼의 전하를 얻는다. 그래서 〈이온(ion)〉은 양전하나 음전하를 가진 원자 또는 원자들이 결합된 것을 말한다. 이러한 것을 앞으로 배울 것이다. 그러나 현재로서는 이온의 형성이 어떻게 원자의 크기에 영향을 주는가를 생각해보자.

원자가 전자를 잃으면 양전하를 띤 이온이 만들어지고, 그 이온들은 항상 원자보다 작아진다. 그 이온의 크기가 작아지는 데는 두 가지 이유가 있다. 원자로부터 잃게 되는 전자는 거의 언제나 원자기전자이다. 원자가 원자가전자를 잃게 되면 완전히 텅 빈 외각의 오비탈이 남게 되어 보다 작은 반경을 가지게 된다. 나아가서 남아 있는 보다 적은 숫자의 전자들 사이에 정전기적 척력이 작아진다. 이러한 남아 있는 전자들은 양으로 된 핵에 더욱 가까이 끌려오게 된다.

반면에 원자가 전자를 얻어서 음이온이 되면, 그 크기는 보다 커진다. 원자가 전자를 얻으면, 외각 전자들 사이의 정전기적 척력이 증가하여 그들을 더 멀리 떨어지게 한다. 이러한 외각 전자들 사이의 증가된 거리가 보다 큰 반경을 갖게 한다. 아래 그림은 나트륨과 마그네슘 원자가 양이온을 만들었을 때 그 반경이 작아지는 것을 나타내고, 산소와 불소 원자가 음이온이 되었을 때 그 반경이 커지는 것을 보여준다.

1족		2족		16족		17족	
Na^+	Na	Mg^{2+}	Mg	O^-	O	F^-	F
0.095	0.186	0.066	0.160	0.140	0.066	0.136	0.064

주기 안에서 이온반경의 경향은 어떨까?

아래 그림에 대부분의 대표원소의 이온 반경이 나타나있다. 그림 왼쪽의 원소들은 보다 작은 양이온을 만들고 있으며, 오른쪽의 원소들은 보다 큰 음이온을 만들고 있다. 일반적으로 주기 안에서 왼쪽에서 오른쪽으로 갈수록 양이온의 크기는 점점 작아진다. 그리고 15족 또는 16족부터 아주 큰 음이온에서는 그 크기가 오른쪽으로 갈수록 점점 작아진다.

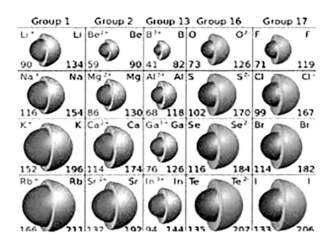

같은 족 안에서의 이온반경의 경향은 어떨까?

같은 족에서는 아래로 내려갈수록 그 이온의 외각전자는 보다 높은 주에너지 준위에 해당하는 오비탈에 있게 됨으로 이온의 크기는 점점 커지게 된다.

따라서 같은 족에서 아래로 내려가면 이 때는 양이온과 음이온의 이온반경은 모두가 커진다. 아래 그림에 족과 주기 안에서 이온반경의 경향을 요약해놓았다.

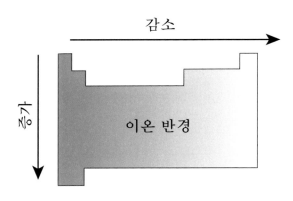

이온화 에너지는 무엇인가? 그리고 그 경향은?

이온을 만들기 위해서는 중성의 원자로부터 전자를 떼어내야 한다. 이것은 에너지를 필요로 한다. 그 에너지는 양전하의 핵과 음전하의 전자사이의 인력을 초과해야한다. 〈이온화 에너지(ionization energy)〉는 기체상태의 원자로부터 전자를 떼어내는데 필요한 에너지로 정의한다.

예를 들어 기체상태의 리튬으로부터 전자를 떼어내는 데는 8.64×10^{-19} J이 필요하다. 원자로부터 첫 번째 전자를 떼어내는데 필요한 에너지를 1차 이온화 에너지라고 부른다. 따라서 리튬의 일차 이온화 에너지는 8.64×10^{-19} J이다. 리튬이 전자를 잃으면 Li^+가 된다. 아래 그림에 1족에서 5족까지 원소의 1차이온화 에너지가 그래프로 나타나있다.

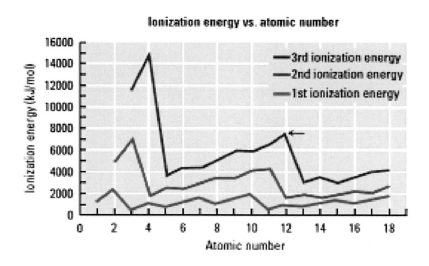

이온화 에너지를 원자핵이 얼마나 강하게 원자가전자를 움켜쥐고 있는 것으로 생각해보자. 그러면 높은 이온화 에너지 값은 그 원자가 전자들을 강하게 쥐고 있다는 것을 말한다. 따라서 큰 이온화 에너지를 가진 원자가 양이온을 만들기는 쉽지 않다. 같은 논리로 작은 이온화 에너지 값은 그 원자가 외각 전자를 쉽게 잃는다는 것을 의미한다. 그러한 원자는 쉽게 양이온을 만든다. 리튬은 리튬-이온 컴퓨터 백업 배터리에 중요하게 쓰인다. 그 이유는 리튬의 낮은 이온화 에너지 때문에 리튬이 전자를 쉽게 잃어서 배터리가 큰 전력을 제공할 있기 때문이다.

위 그림의 이온화 에너지 그래프에서 연결된 각 점들은 각 주기에서의 원소들을 나타낸다. 1족의 금속들은 낮은 이온화 에너지를 갖고 있다. 그래서 1족 금속(Li, Na, K, Rb)들은 양이온을 만들기 쉽다. 18족 원소(He, Ne, Ar, Kr, Xe)들은 높은 이온화 에너지를 갖고 있기 때문에 이온을 만들기는 쉽지 않다. 18족의 기체들은 안정된 전자배치를 갖고 있어서 반응성이 크게 제한된다.

한 개 이상의 전자를 떼어내기는 더 어렵다

원자로부터 첫 전자를 떼어낸 후 또다시 다른 전자를 떼어내는 것도 가능하다. 1 + 이온으로부터 두 번째 전자를 떼어내는데 필요한 에너지를 2차이온화에너지라고 하고, 2 + 이온으로부터 세 번째 전자를 떼어내는데 필요한 에너지를 3차이온화에너지라고 한다. 아래 그림에 2차, 3차 이온화 에너지의 그래프가 나타나 있다.

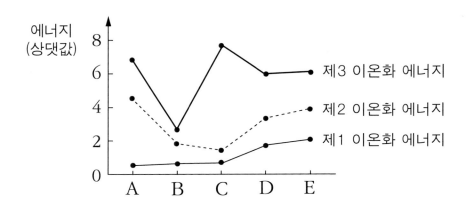

위 그래프를 왼쪽부터 차례로 읽어나가면, 추가의 이온화에 필요한 에너지는 항상 증가하는 것을 볼 수 있다. 그러나 그 에너지의 증가는 연속적이지 않음을 알 수 있다. 각 원소마다 필요한 이온화에너지의 증가가 급속히 일어나는 단계가 있음을 유의해 보자. 예를 들어 리튬의 2차 이온화에너지(73,000 kJ)는 1차 이온화에너지(520 kJ) 보다 엄청 크다. 이것은 리튬 원자는 첫 번째 원자가전자를 잃는 것은 쉽지만, 두 번째 전자를 잃는 것은 어렵다는 것을 의미한다.

위의 표를 잘 살펴보면 이온화 에너지가 급격히 증가하는 것은 원자의 전자가전자의 수와 관련이 있다는 것을 알 수 있다. 리튬은 원자가전자를 한 개 가지고 있고, 급격한 증가는 1차 이온화 이후에 일어난다. 리튬은 Li^{+1} 이온은 쉽게 만들지만, Li^{+2} 이온은 좀처럼 만들어지지 않는다. 이온화 에너지의 급격한 증가는 원자가 원자가전자를 잡고 있는 것보다 훨씬 강하게 중심에 가까운 전자를 잡고 있다는 것을 말해준다.

같은 주기 안에서 이온화 에너지는 어떻게 변하나?

아래 그림에서 알 수 있듯이 1차 이온화에너지는 주기율표에서 오른쪽으로 갈수록 일반적으로 커진다. 그것은 주기율표에서 오른쪽으로 갈수록 원자가전자는 증가하고, 핵 안의 양성자도 증가하는데, 이 증가된 원자가전자는 양성자의 핵전하를 가려주지 못하기 때문이다. 즉 전자의 가림막 효과는 별로 증가하지 못하는데 반하여, 오른쪽으로 갈수록 원자번호가 증가함에 따라 양성자 수가 증가하여, 유효핵전하가 증가하기 때문에 이온화 에너지가 증가한다. 다시 말해서 원자의 증가된 핵전하가 원자가전자를 보다 더 강하게 끌어당기고 때문에 이온화 에너지가 증가한다.

같은 족 안에서 이온화 에너지는 어떻게 변하나?

1차 이온화 에너지는 족의 아래로 갈수록 일반적으로 감소한다. 이러한 에너지의 감소는 족의 아래로 갈수록 원자가 전자는 같지만, 원자의 크기가 증가하기 때문에 일어난다. 즉 핵에서 멀리 떨어질수록 원자가전자를 떼어내는 데는 보다 작은 에너지가 필요하기 때문이다.

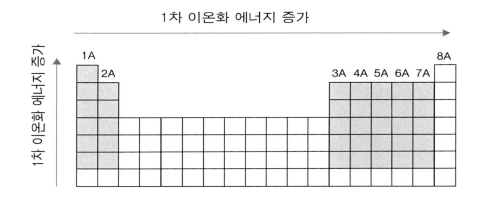

옥텟(octet)법칙과 주기적 경향의 관계

나트륨 원자가 한 개의 원자가전자를 잃어서 +1의 나트륨 이온이 되면 그 전자 배치는 아래와 같이 변한다. 즉 나트륨 원자의 전자배치는 $1s^2\,2s^2\,2p^6\,3s^1$ 이고, 나트륨 이온의 전자배치는 나트륨 원자에서 1개의 원자가전자를 잃어버린 $1s^2\,2s^2\,2p^6$가 된다.

　나트륨 이온이 희유가스인 네온과 같은 전자배치를 갖는 것에 유의하자.
　이 발견은 화학에서 가장 중요한 원리의 하나인 옥텟법칙을 이끌어내었다.
　즉 〈옥텟법칙〉은 원자는 밸런스전자가 8개의 전자 군을 채우기 위하여 전자를 잃거나, 얻거나 또는 공유하려는 경향을 가진다는 것이다.

이 법칙은 이미 배운, 같은 에너지 준위에서 꽉 채워진 s나 p오비탈을 가진 전자배치(8개의 원자가전자로 이루어진)는 일반적으로 안정하다는 것을 더욱 확실하게 말해준다. 그러나 1주기의 원소들은 단지 2개의 원자가전자만으로 완전하기 때문에 이 법칙에서 예외이다.

또한 옥텟법칙은 어떤 형태의 이온이 될 수 있는 가를 결정하는데 유용하다. 주기율표의 오른쪽의 원소들은 희유가스의 전자배치를 만들기 위해서 전자를 얻으려는 경향이 있다. 그래서 이들 원소들은 음이온이 되려는 경향이 있다. 같은 논리로 주기율표의 왼쪽에 있는 원소들은 전자를 잃고 양이온이 되려는 경향이 있다. 이 사실은 앞으로 이온들의 결합을 이해하는데 중요하다.

전기음성도란 무엇인가? 또 그 경향은 어떤가?

〈전기음성도(electro-negativity)〉란 어떤 원소가 화학결합을 할 때 전자를 끌어당기는 상대적인 능력이다. 아래 그림에 나타낸 바와 같이 전기음성도는 일반적으로 같은 주기에서는 왼쪽에서 오른쪽으로 갈수록 커지고, 같은 족에서는 아래로 내려갈수록 작아진다. 전기음성도 값은 3.98 또는 그 보다 작은 숫자로 표현된다.

전기음성도의 단위는 미국의 과학자, 폴링(Pauling, 1901-1994)의 이름을 딴 임의적인 단위, 폴링이다. 불소는 3.98의 값을 갖는 가장 전기음성도가 가장 큰 원소이고, 세슘(Ce)과 프란슘(Fr)은 각각 0.79와 0.7의 값을 갖는 가장 작은 전기음성도를 갖는 원소이다. 화학결합에서는 보다 큰 전기음성도를 가진 원자는 전자를 보다 강하게 끌어당긴다. 희유가스는 거의 화합물을 만들지 않고, 그 원소들은 전기음성도의 값을 갖지 않는다.

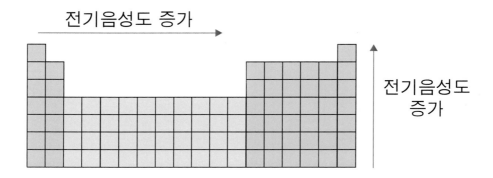

지금까지 살펴보았듯이 이온화 에너지와 전기음성도의 주기율표에서의 경향은 같은 것을 알 수 있다. 즉 두 가지 모두 같은 주기에서는 오른쪽으로 갈 수록, 즉 원자번호가 증가할수록 커진다. 그 이유는 오른쪽으로 갈수록 증가된 핵전하가 원자가 전자를 보다 강하게 잡고 있기 때문이며, 이는 전기음성도, 즉 전자를 끌어당기는 힘의 크기와 같은 개념이다.

이에 비하여 같은 족에서는 아래로 갈수록 원자의 크기가 커져서 상대적으로 전자를 잡고 있는 힘이 약해져서 이온화 에너지는 작아지고, 같은 개념인 전기음성도도 작아진다.

결론적으로 주기율표상에서 원자반경이나 이온반경의 주기적 경향은 이온화 에너지 또는 전기음성도의 경향과는 반대로 나타나고 있다. 그 이유는 원자반경은 원자핵이 원자가 전자를 끌어당기는 힘의 크기에 따르지만, 이온화 에너지와 전기음성도는 반대로 원자로부터 전자를 떼어내거나, 원자핵이 전자를 끌어당기는 힘의 크기에 따르는 정반대의 개념이기 때문이다.

다음 그림과 같은 바닥상태의 전자배치를 갖는 원소가 네 가지 있다.

	1s	2s	2p			3s
(가)	↑↓	↑↓	↑↓	↑	↑	
(나)	↑↓	↑↓	↑	↑	↑	
(다)	↑↓	↑↓	↑↓	↑↓	↑↓	
(라)	↑↓	↑↓	↑↓	↑↓	↑↓	↑

(1) 이온화에너지가 가장 작은 원소는 어느 것인가?
(2) 이온화에너지가 가장 큰 원소는 어느 것인가?
(3) 2번째로 큰 이온화에너지를 가진 원소는 어느 것인가?
(4) 3번째로 큰 이온화에너지를 가진 원소는 어느 것인가?

〈해설 1〉
(가), (나), (다)는 모두 전자배치로 보아 2주기에 속한다. (라)만 3s가 있으므로 3주기에 속한다. 이온화에너지는 주기가 커질수록 작아지므로 (라)가 가장 작다.

〈해설 2〉
(다)는 전자배치로 보아 오비탈이 모두 꽉 채워진 할로겐 원소며, 2주기에서 가장 이온화에너지가 큰 원소다.

〈해설 3〉
(가)와 (나)를 비교해야 하는데, (나)는 2p 오비탈이 모두 홀전자만으로 되어 있으므로, (가)의 전자쌍 1개가 있는 것 보다 전자를 떼어내기가 어렵다. 왜냐하면 전자쌍을 이루면 전자 사이의 반발력 때문에 전자를 떼어내기가 더 쉽다. 따라서 (나)가 2번째로 이온화에너지가 크고, (가)는 3번째로 크다.

1. 과거의 주기율표는 무엇의 순서대로 나열한 것인가? 그리고 그 주기율표는 왜 잘 맞지 않는가?

2. 현대적 주기율표인 멘델레프의 주기율표는 무슨 순서에 따라 원소들을 나열한 것인가?

3. 주기율표에서 족과 주기의 전지배치상에서의 차이는 무엇인가?

4. 주기율표에서 주기가 2주기에서 3주기로 바뀌면, 전자배치의 주 에너지준위는 어떻게 바뀌는가?

5. 주기율표에서 같은 주기 안에서 족이 2족에서 3족으로 바뀌면, 전자배치의 주 에너지준위(주양자수)는 바뀌겠는가? 그대로인가?

6. 주기율표에서 같은 주기 안에서 족이 2족에서 3족으로 바뀌면, 전자배치 면에서 무엇이 바뀌는가?

7. 현대적 주기율표는 크게 4블록으로 나누어진다고 한다. 그렇게 되는 합당한 이유는 무엇인가?

8. 주기율표에서 어떤 원소의 원자반경의 크기를 예측할 수 있는 근거는 무엇인가?

9. 원자반경은 어떻게 정의하나?

10. 주기율표에서 원소들의 원자반경에는 주기성이 왜 나타나는가?

11. 같은 족에서 주기가 커질수록 원자반경은 어떻게 변하는가? 그 이유는 무엇인가?

12. 같은 주기의 원소에서 족이 커질수록 원자반경은 어떻게 변하는가? 그 이유는 무엇인가?

13. 이온화 에너지란 무엇인가?

14. 주기율표상에서 같은 주기 안에서 이온화 에너지는 족이 커질수록(오른쪽으로 갈수록) 어떻게 변하는가? 그 이유는 무엇인가?

15. 주기율표상에서 같은 족 안에서 이온화 에너지는 주기가 커지면(아래로 내려갈수록) 어떻게 변하겠는가? 그 이유는 무엇인가?

16. 전기음성도란 무엇을 말하는가? 그리고 그 단위는 어떻게 정하는가?

17. 주기율표상에서 같은 주기 안에서 전기음성도는 족이 커질수록(오른쪽으로 갈수록) 어떻게 변하겠는가? 그 이유는 무엇인가?

18. 주기율표상에서 같은 족 안에서 주기가 커질수록 전기 음성도는 어떻게 변하겠는가? 그 이유는 무엇인가?

19. 옥텟 법칙이란 무엇인가?

20. 1족의 원소들이 이온이 잘되는 이유는 무엇인가?

21. 주기율표상에서 제일 왼쪽의 원소들은 양이온이 되려는 경향이 있는데 그 이유는 무엇인가?

22. 주기율표상에서 오른쪽으로 갈수록 음이온이 되려는 경향이 나타나는데 그 이유는 무엇인가?

23. 어떤 원자가 음이온이 되면 그 크기는 커진다고 하는데 이 이유는 무엇인가?

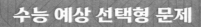
1. 아래 원소 중에서 가장 유효핵전하가 큰 원소는 어느 것인가?

   ㉠ Ca   ㉡ Br

   ㉢ As   ㉣ K

2. 금속 원소의 특성은 대부분 다음 중 어느 것에 기인하는가?

   ㉠ 낮은 이온화 에너지 때문이다.

   ㉡ 작은 원자 반경 때문이다.

   ㉢ 높은 이온화 에너지 때문이다.

   ㉣ 높은 전기 음성도 때문이다.

3. 일반적으로 원자반경은 주기율표에서 왼쪽에서 오른쪽으로 갈수록 작아진다. 그 이유는 다음 중 무엇인가?

   ㉠ 핵 안에 중성자 수가 증가하기 때문이다.

   ㉡ 원자량이 증가하기 때문이다.

   ㉢ 유효 핵전하가 증가하기 때문이다.

   ㉣ 전자수가 증가하기 때문이다.

4. 다음 원소 중 3차 이온화 에너지가 가장 큰 것은 무엇인가?

   ㉠ N   ㉡ Be

   ㉢ C   ㉣ B

5. 같은 족 원소들은 화학적 성질이 비슷하다고 한다. 그러면 주기율표에서 같은 족에서 아래로 내려갈수록 대체로 그 원소의 녹는점은 어떻게 변하겠는가?

   ㉠ 전자수가 많아지므로 녹는점도 높아진다.

   ㉡ 원자반경이 커짐으로 인해서 녹는점도 낮아진다.

   ㉢ 녹는점은 화학적 성질이 아니므로 영향을 받지 않는다.

   ㉣ 알 수 없다.

6. 다음 중에서 금속 원소의 원자반경의 크기가 영향을 주는 것을 설명한 것 중에 틀린 것은 어느 것인가?

   ㉠ 원자반경의 크기가 화학반응에 영향을 준다.

   ㉡ 원자반경의 크기는 다른 금속 원소와 합금을 만들 때 영향을 준다.

   ㉢ 원자반경의 크기는 그 물질의 밀도를 달라지게 한다.

   ㉣ 원자반경의 크기는 그 원소가 물질을 만들 때 구조를 결정하는 데 영향을 준다.

7. 주기율표에서 1, 2족을 s-블록이라고 부르는 이유는 무엇이겠는가?

   ㉠ 1, 2족 원소들은 이온이 될 때 항상 s-오비탈 원자가전자를 잃기 때문이다.

   ㉡ 1, 2족 원소들은 이온화할 때 작은 수의 원자가 전자를 잃기 때문이다.

   ㉢ 1, 2족 원소들은 원자반경이 작아서 그렇게 부른다.

   ㉣ 1, 2족 원소들은 이온화 에너지가 작아서 그렇게 부른다.

8. 전이금속의 설명으로 틀린 것은 어느 것인가?

   ㉠ 전자배치를 하는 과정에 4s 오비탈이 3p 오비탈보다 먼저 채워진다.

   ㉡ 이온화 하면 같은 전하량을 가진 이온을 만든다.

   ㉢ 주기율표에서 3족에서 12족까지의 원소를 말한다.

   ㉣ Fe, Co, Ni 등이 포함되어 있다.

9. 반도체 공정에 쓰이는 Ag 금속 원소를 다른 원소로 대체해도 좋다는 결론이 나왔다면, 대체 금속 원소를 찾을 때 고려사항으로 틀린 것은 어느 것인가?

   ㉠ Ag는 비싸니까, 값이 싼 Cu로 대체한다.

   ㉡ Ag는 가는 선으로 잘 뽑히니까, Al으로 대체한다.

   ㉢ Ag는 전기를 잘 통하니까, 전기를 잘 통하는 Fe로 대체한다.

   ㉣ 같은 족에 있어서 성질이 비슷한 Au으로 대체한다.

10. 할로겐 원소에 대해서 틀리게 설명한 것은 어는 것인가?

   ㉠ 모두 전기 음성도가 매우 크다.

   ㉡ 모두 원자가전자 7개이므로 이를 떼어 내기가 어려워서, 오히려 음이온을 만들기 쉽다.

   ㉢ 원자가전자가 7개로, 같은 원자와 공유결합을 하여 이원자 분자로 존재한다.

   ㉣ 모두 상온에서 기체 상태로 존재한다.

11. 메탈로이드를 설명한 것 중에 틀린 것은 어느 것인가?

ㄱ 이것은 메탈 즉 금속 원소에 비금속이 결합한 것이다.

ㄴ 이것은 주기율표에서 금속과 비금속 원소 상이에 있는 ge, Sb 등이다.

ㄷ 이것은 금속과 비금속의 중간 성질을 갖고 있다.

ㄹ 이것은 반도체 제조에 많이 쓰인다.

3 화학결합과 분자의 세계

화학결합

화학결합이 모든 물질을 만든다

스쿠버 다이빙을 해서 바다 표면 아래로 들어가 보면 놀라운 세상을 볼 것이다. 형형색색의 산호초와 그 주위를 떠다니는 찬란한 유기체를 볼 수 있을 것이다. 산호초는 탄산칼슘이라는 화합물로 되어 있다. 그것은 지구상에서 발견되는 수많은 화합물 중의 하나일 뿐이다. 그러면 상대적으로 얼마 안 되는 원소로부터 어떻게 그 많은 형형색색의 화합물들이 만들어질까? 그 해답은 원자의 전자구조와 원자들 간에 작용하는 힘이 관여되어 있다.

앞에서 주기율표에서 같은 족의 원소들은 비슷한 성질을 갖는다고 배웠다. 그중 많은 성질이 그 원소가 갖고 있는 원자가전자에 의존한다. 이 원자가전자는 두 개의 원자가 〈화학결합〉을 형성할 때 관여한다.

그리고 화학결합(chemical bond)은 두 원자를 한데 묶는 힘이다. 화학결합은 양전하를 띤 원자핵과 다른 원자의 음전하를 띈 전자들 사이에 인력으로 이루어지거나 또는 양이온과 음이온 간의 인력으로 이루어진다.

전기분해를 이용하여 화학결합을 확인할 수 있다

그러면 모든 물질이 화학결합으로 만들어졌다는 것을 어떻게 알 수 있나?

그 한 예로 물을 전기분해하면 알 수 있다. 즉 물에 황산나트륨을 녹인 용액에 양극과 음극을 걸어주면, 음극에서는 수소(H_2) 기체가 그리고 양극에서는 산소(O_2) 기체가 발생한다. 이와 같이 전기 에너지로 물 분자를 이루는 수소 원자와 산소 원자의 화학결합을 끊으면, 물을 수소와 산소로 분해할 수 있다.

따라서 이로부터 물의 화학결합에는 전가적인 힘이 이용된다는 것을 알 수 있다. 또한 여기서 수산화나트륨을 물에 녹이는 이유는 전기분해를 위해서는 전류가 흘러야 하는데, 순수한 물은 전류가 거의 흐르지 않기 때문이다. 수산화나트륨을 물에 용해하면 수산화이온과 나트륨으로 분리되어 그 이온들

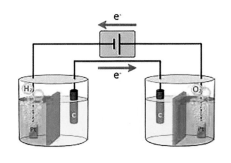

이 전기를 잘 흐르게 한다. 따라서 수산화나트륨은 묽어야 한다. 그리고 전해질(물에 녹아 이온으로 분리되어 전류를 흐르게 하는 물질)로는 수산화나트륨 이외에 황산나트륨(Na_2SO_4)도 이용할 수 있다. 아래 그림에 물의 전기분해 모형도가 나타나 있다.

원자가전자가 그 원소의 화학적 성질을 결정한다

어떤 원소의 원자에서 원자가전자의 수를 어떻게 알 수 있을까?

멘델레프는 원소들에서 주기적으로 나타나는 성질을 정리해서 주기율표를 만들었다. 그 후에 과학자들은 주기율표의 같은 족에 속해 있는 원소는 같은 수의 원자가전자를 갖고 있기 때문에, 유사한 방법으로 화학반응을 한다는 것을 알았다. 아래 그림에서 보듯이 〈원자가전자〉는 그 원소에서 가장 높은 에너지 준위를 차지하고 있는 전자다. 이러한 원자가전자들은 그 원소의 대부분의 화학적 성질을 결정한다.

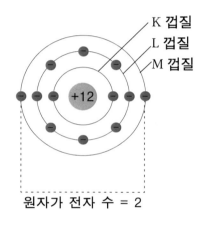

원자가 전자 수 = 2

원자가전자의 수는 어떻게 알 수 있나?

어떤 원소의 원자가전자의 수는 그 원소가 주기율표에서 몇 번째 족에 속해 있는가와 관련이 있다. 대표원소 중에서 한 원자의 원자가전자의 수를 알기 위해서는 그 원소가 몇 번째 족에 속해 있는가를 보면 된다. 아래 그림에서 보듯이 1A족에 있는 원소들(수소, 리튬, 나트륨 등)은 모두 1개의 원자가전자를 갖고 있고, 2A족의 원소들은 2개의 원자가전자를 갖고 있다. 즉 족의 수와 원자가 전자의 수와 같다. 13-17족의 원자가전자의 수는 족 수에서 10을 빼야 한다. 예를 들어 13의 B은

3개의 원자가전자를 갖고, 17족의 Cl은 7개의 원자가전자를 갖는다. 헬륨 원자는 1족에 있지만 2개의 원자가전자를 갖고 있으며, 18족의 모든 희유가스는 8개의 원자가전자를 갖고 있다.

일반적으로 원자가전자만이 화학결합에 관여한다. 따라서 전자-점 구조에서는 단지 원자가전자만을 표시한다. 전자점 표기는 어떤 원소의 원자가 전자를 나타내는 도형이다. 다음 표는 1-8족 원소의 전자점 표기를 보여준다. 같은 족의 원소(헬륨을 제외하고)들은 모두 같은 수의 전자점을 갖고 있다.

1족	2족	3족	4족	5족	6족	7족	8족
H·							·He·
Li·	·Be·	·B·	·C·	·N·	·O·	·F·	·Ne·
Na·	·Mg·	·Al·	·Si·	·P·	·S·	·Cl·	·Ar·
K·	·Ca·	·Ga·	·Ce·	·As·	·Se·	·Br·	·Kr·
Rb·	·Sr·	·In·	·Sn·	·Sb·	·Te·	·I·	·Xe·

옥텟(Octet) 규칙이란 무엇인가?

앞에서 네온이나 아르곤과 같은 희유가스는 화학반응을 하지 않는다고 배웠다. 다시 말해 원자가전자가 8인 원소들은 안정하다는 것이다. 1916년에 화학자 루이스(G. Lewis)는 이 사실로부터 원자들이 왜 특정한 종류의 이온이나 분자를 만드는가를 설명하였다. 그리고 그는 이 설명을 옥텟 규칙이라 불렀다. 즉 〈옥텟 규칙〉은 원자들이 화합물을 만들 때 희유가스와 같은 전자배치를 가지려는 경향이 있다고 하였다. 그리고 옥텟은 8개를 말한다. 각각의 희유가스 전자들은 가장 높은 에너지 준위에 8개의 전자를 가지고 있으며, 전자 배치는 $ns^2 np^6$이다. 옥텟 규칙이라는 이름은 여기서 따온 것이다.

다음 그림에서는 금속 원자(Na)가 원자가전자를 잃어서, 옥텟을 이루어서 원래보다 낮은 에너지준위에 있으려는 경향이 있다는 것을 보여준다. 그리고 비금속의 몇 가지 원소(Cl)들은 다른 비금속 원소들로부터 전자를 얻거나, 그들과 전자를 공유하여 완전한 옥텟(8개의 전자)을 이루려고 한다. 비록 예외는 있지만 이 옥텟 규칙은 대부분 화합물의 원자에 적용된다.

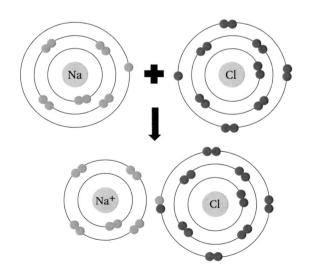

양이온(cation)은 어떻게 만들어지나?

원자는 전자와 양자의 수가 같기 때문에 전기적으로 중성이다. 이온은 원자가 전자를 잃거나 얻음으로 만들어진다. 양으로 대전된 이온, 즉 양이온은 원자가 한 개 또는 그 이상의 원자가전자를 잃을 때 만들어진다. 금속의 경우에는 양이온의 이름은 그 원소의 이름과 같다. 예를 들어 나트륨(Na)은 나트륨 이온(Na^+)을 만든다. 마찬가지로 칼슘(Ca)은 칼슘 이온(Ca^+)을 만든다. 그들은 비록 이름은 같지만 금속과 금속이온은 많은 중요한 화학적 차이를 갖고 있다. 예를 들어 나트륨 금속은 물과 격렬히 반응하지만, 나트륨 이온은 별로 반응하지 않는다. 알다시피 나트륨 이온은 물에서 매우 안정한 화합물인 소금의 성분이다.

1A족 양이온은 왜 쉽게 만들어지나?

가장 흔한 양이온은 금속 원자로부터 원자가전자를 잃고 만들어진다. 이런 원자들은 대부분 1개에서 3개까지의 원자가전자를 갖고 있고, 이들은 쉽게 제거될 수 있다. 나트륨(원자번호 11)은 주기율표에서 1A에 속해 있다. 나트륨은 1개의 원자가전자를 포함해서 모두 11개의 전자를 갖고 있다. 나트륨 원자는 1개의 전자를 잃고 양으로 대전된 나트륨 이온이 된다.

나트륨 원자는 다음 그림과 같은 가로등의 나트륨 증기램프 안에서 나트륨 이온이 된다. 나트륨 이온은 희유가스의 하나인 네온과 동일한 전자배치를 갖는다. 화합물을 만들 때는 나트륨 원자는 11개의 전자 중에서 1개의 원자가전자를 잃고, 가장 높은 에너지 준위인 옥텟으로 남게 된다. 이때 나트륨 원자의 양자 수는 아직 11개이므로, + 1의 전하를 가진 양이온이 된다.

나트륨 원자가 전자를 잃고 이론화되는 과정을 원자와 이온의 완전한 전자 배치를 써서 나타낼 수 있다. 즉

$$Na\ 1s^2\ 2s^2\ 2p^6\ 3s^1\ \longrightarrow\ Na^+\ 1s^2\ 2s^2\ 2p^6$$

나트륨 이온의 전자배치는 네온의 전자배치와 똑같음을 알아차리자.

$$Ne\ 1s^2\ 2s^2\ 2p^6$$

다음의 도표를 보면 이 점을 잘 알 수 있다.

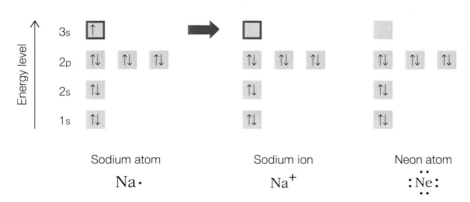

나트륨 이온과 네온 원자는 모두 원자가 껍질 또는 최외각에 8개의 전자를 갖고 있다. 전자점 표기법을 이용하면 이온화를 보다 쉽게 나타낼 수 있다.

$$Na^o \xrightarrow{\text{1개의 원자가전자 잃음}} Na^+ + e^-$$

2A족 원소도 쉽게 양이온을 만든다

마그네슘(원자번호 12)은 주기율표에서 2A족에 속하기 때문에 두 개의 원자가 전자를 가진다. 마그네슘 원자가 두 개의 원자가전자를 잃게 되면, 네온 원자의 전자배치를 갖게 되고 2⁺ 전하를 가진 마그네슘 양이온이 된다.

$$Mg \xrightarrow{\text{1개의 원자가전자 잃음}} Mg^{2+} + 2e^-$$

다음 그림에는 1A족과 2A족에 속하는 금속으로부터 만들어지는 양이온의 원소기호가 나열되어 있다. 1A족의 원소는 항상 1⁺ 전하를 갖는다. 2A족의 양이온은 항상 2⁺ 전하를 갖는다. 이러한 일관성은 금속 원자가 잃는 원자가전자로 설명할 수 있다. 다시 말해서 원자들은 희유가스의 전자배치를 갖는 데 필요한 수만큼의 전자를 잃게 되는 것이다.

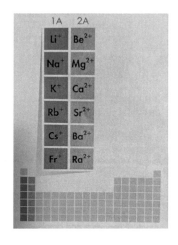

전이금속의 양이온의 전하량은 일정하지 않다

전이금속(3족-12족까지)의 이온화로 얻어지는 양이온에서는, 그 이온의 전하수가 다를 수도 있다. 예를 들어 철(Fe)은 2개의 원자가전자를 잃고 Fe^{2+} 양이온을 만들기도 하고, 3개의 원자가전자를 잃고 Fe^{3+} 양이온을 만들기도 한다. 이렇게 전이금속으로부터 만들어지는 이온은 희유가스의 전자배치($nS^2\ nP^6$)를 갖지 않기 때문에 옥텟 규칙에서 예외가 된다.

$1s^2\ 2s^2\ 2p^6\ 3s^2\ 3p^6\ 3d^{10}\ 4s^2\ 4p^6\ 4d^{10}\ 5s^1$의 전자배치를 갖는 실버(Ag)가 그 예이다. 실버 바로 전에 있는 희유가스인 크립톤(Kr)의 전자배치를 갖기 위해서는, 실버 원자는 11개의 전자를 잃어야만 한다. 또한 그다음에 오는 희유가스인 제논(Xenon)의 전자배치를 갖기 위해서는 실버 원자는 7개의 전자를 얻어야 한다. 전자 3개 이상을 잃거나 또는 얻어서 이온을 만들기는 쉽지 않다. 그래서 실버는 희유가스의 전자배치를 갖지 못하게 된다.

그러나 만일 실버 원자가 $5s^1$ 전자를 잃어서 양이온(Ag^+)이 되면 그 전자배치는 $4s^2\ 4p^6\ 4d^{10}$이 되며, 가장 높은 에너지 준위에 18개의 전자를 가지게 되어 모든 오비탈은 꽉 차게 된다. 따라서 그러한 전자배치가 될 가능성이 비교적 크다.

이러한 전자배치를 〈가짜 희유가스 전자배치(pseudo noble-gas electron con-figuration)〉라고 한다. 이와 같이 실버와 비슷하게 행동하는 다른 원소는 주기율표에서 전이금속 블록의 오른쪽에 있는 원소들이다. 구리(copper)는 홀로 떨어진 4s 전자를 잃어 구리 이온(Cu^+)이 되면서 가짜 희유가스의 전자배치를 갖는 것이 다음에 나타나있다.

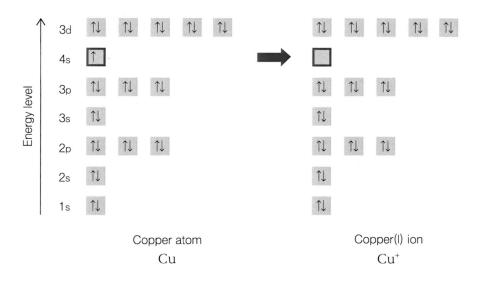

Copper atom
Cu

Copper(I) ion
Cu⁺

금(Au)의 양이온(Au⁺), 카드뮴(Cd)의 양이온, 그리고 수은(Hg)의 양이온도 마찬가지로 가짜 희유가스의 전자배치를 갖는다.

비금속 원소는 왜 음이온을 형성하는가?

음이온이란 음의 전하를 가진 원자 또는 원자들의 집합체이다. 음이온은 원자가 한 개 이상의 전자를 얻었을 때 만들어진다. 비금속 원소의 원자들은 상대적으로 꽉 찬 원자가전자 껍질을 갖고 있기 때문에, 전자를 잃어버리는 것보다는 얻는 것이 희유가스의 전자배치를 갖기가 더 용이하다.

예를 들어 염소는 7A족(할로겐 족)에 속한다. 염소 원자는 7개의 원자가전자를 갖고 있다. 따라서 한 개의 전자를 얻으면 염소 원자는 옥텟을 형성하기 때문에 염소 원자는 염소 음이온이 된다.

$$Cl\ 1s^2\ 2s^2\ 2p^6\ 3s^2\ 3p^5 \longrightarrow Cl^-\ 1s^2\ 2s^2\ 2p^6\ 3s^2\ 3p^6$$

염소 음이온은 한 개의 음전하를 갖는다. 염소 음이온의 전자배치는 알곤 원자의 전자배치와 동일함을 알아차리자. 즉 Ar의 전자배치는 $1s^2\,2s^2\,2p^6\,3s^2\,3p^6$ 이므로 염소이온의 전자배치와 같다. 따라서 염소 원자는 가장 가까운 희유가스의 전자배치를 이루기 위해서는 단지 한 개의 원자가전자만이 더 필요하게 된다. 아래 그림은 염소 음이온과 아르곤 원자가 어떻게 가장 높은 에너지 준위에 옥텟의 전자를 갖게 되는지 보여준다.

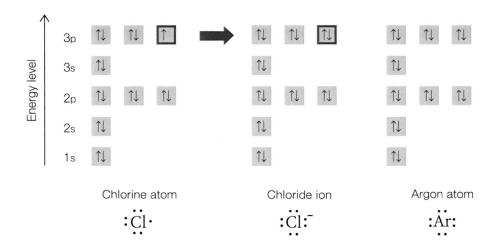

전자점 표기법을 이용하여 아래 그림과 같이 염소 원자가 염소 음이온이 되어, 나트륨 이온과 결합하여 염화나트륨이 되는 것을 식으로 나타낼 수 있다. 불화 마그네슘(MgF_2)도 같은 방법으로 나타낼 수 있다.

1. 지구상에는 원소의 수가 100여 개밖에 안 되는데, 어떻게 수많은 물질이 존재하는 것일까? 두 가지를 말해보아라.

2. 원자가전자란 무엇을 말하는지 그림으로 나타내고, 이것의 중요한 역할은 무엇인가 말해보라.

3. 나트륨을 채운 나트륨 증기 가로등은 전압을 가하면 밝게 빛을 낸다고 한다. 그 원리를 이온과 연계하여 설명해보라.

4. 나트륨(Na)의 전자배치는 $1s^2\ 2s^2\ 2p^6\ 3s^1$이라고 한다. 나트륨 이온은 어떻게 만들어지는지, 전자 오비탈과 루이스 점자식을 이용해서 설명하라.

5. 음이온이 만들어지기 쉬운 원소들의 특징은 무엇인가? 그리고 주기율표에서는 어디에 있는가?

6. 옥텟 규칙이란 무엇인지 설명하라. 그리고 이 규칙은 어떤 원자가 이온을 만들 때 항상 지켜지는가?

7. 양이온이 만들어지기 쉬운 원소들의 특징은 무엇인가? 그리고 주기율표에서는 어디에 있는가?

8. 실버(Ag)는 녹이 잘 슬지 않는다고 하는데, 그 이유는 무엇인가? 전자배치와 이온의 관점에서 설명하라.

9. 가짜 희유가스 전자배치는 어떤 경우에 그리고 왜 이루어지는가?

10. 소금물을 전기분해하면 양극에서는 어떤 기체가 얻어지나? 이 때 전해질은 꼭 있어야 되는가?

III-2 이온결합

이온화합물이란 무엇인가?

이온화합물은 금속 원소와 비금속 원소 사이에 이루어지는 경우가 많고, 그 결합에너지가 커서 융점이 높다. 염화나트륨 또는 소금은 나트륨 양이온과 염소 음이온으로 이루어진 이온화합물이다. 즉 〈이온화합물〉이란 양이온과 음이온으로 이루어진 화합물이다. 이온화합물은 비록 전하를 띤 이온들로 구성되어 있지만 전기적으로는 중성이다. 왜냐하면 양이온의 전체 양전하 값이 음이온의 전체 음전하 값과 같기 때문이다.

이온화합물은 어떤 경우에 잘 만들어 지나?

이온화합물은 양이온과 음이온이 만나서 이루어지므로, 양이온이 잘 만들어지는 금속 원소(1, 2족)와 음이온이 쉽게 만들어지는 비금속 원소(13-17족) 사이에 빈번히 만들어진다. 예를 들어 $NaCl$, KCl, $MgCl_2$ 등이다.

여기서 주의할 점은 비금속 원소끼리는 이온화합물이 형성이 잘 안 되고, 대신에 공유결합이 잘 이루어진다고 할 수 있다. 또한 금속 원소끼리는 금속결합이 이루어진다. 금속 원소와 비금속 원소 사이에는 이온 결합이 잘 이루어진다.

즉 주기율표상에서 두 원소 간에 좌우로 멀리 떨어질수록 이온 결합이 잘 일어난다고 생각할 수도 있다. 이것은 두 원소 간의 전기음성도의 차이가 큰 것과도 일치한다.

이온결합은 어떻게 만들어지나?

음이온과 양이온은 서로 반대되는 전하를 갖고 있으며 정전기력에 의해 서로 끌어당긴다. 이온화합물에서 이온들을 묶고 있는 힘을 '이온 결합력'이라 부른다.

염화나트륨은 이온결합이 어떻게 만들어지는지를 보여주는 간단한 예이다. 나트륨 원자와 염소 원자 사이의 반응을 생각해보자. 나트륨 원자는 쉽게 잃을 수 있는 한 개의 원자가전자를 갖고 있다.(만일 나트륨 원자가 그 원자가전자를 잃으면, 옥텟 규칙을 만족시키며 네온의 안정된 전자배치를 갖게 된다.) 염소 원자는 7개의 원자가전자를 갖고 있으며, 그것은 쉽게 1개의 전자를 얻을 수 있다(만일 염소 원자가 한 개의 원자가전자를 얻으면, 옥텟 규칙을 따르며 아르곤의 안정된 전자배치를 갖게 된다).

나트륨과 염소가 반응하여 화합물을 만들면, 나트륨은 1개의 원자가전자를 염소로 이동시킨다. 그래서 나트륨과 염소가 1:1 비율로 결합하면 두 이온 모두 안정된 옥텟 전자배치를 이루게 된다. 다음 그림에 이와 같은 과정이 나타나 있다.

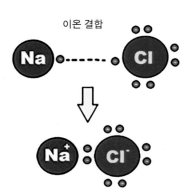

이온 결합

그러면 두 이온 사이의 정전기력에 대해서 알아보자. 양이온과 음이온은 서로 끌어당기는 힘, 즉 인력을 갖게 되고 이 인력은 두 이온사의의 거리가 멀어질수록 점점 작아지게 된다. 인력은 거리(r)의 제곱에 비례하여 작아진다. 즉 Fa = a/r²의 관계이다. 반면에 두 이온 사이의 거리가 아주 가까워지면 두 이온의 핵에 존재하는 양전하 사이에 반발력이 생기게 된다. 또한 이 반발력은 두 이온 사이의 거리(r)의 고차(보통 6~9제곱)에 반비례하여 커진다. 즉 Fr = b/r⁹의 관계로 나타난다.

따라서 두 이온 사이의 거리는 이 두 힘이 평형을 이루는 거리에서 결정된다. 즉 두 이온은 F = a/r² - b/r⁹ = 0이 되는 되는 거리에서 갖고 이온 결합을 하게 되고, 이 때 두 이온 사이의 거리를 '평형 거리' 또는 '결합 길이'라고 한다. 아래에 정전기력 F와 원자 간 거리 r에 대한 그래프가 나타나 있다.

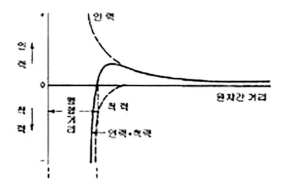

즉 인력과 반발력의 두 개 그래프를 합성하면 F와 r의 관계를 얻을 수 있고, 이 F를 r에 대해서 적분하면 아래 그림과 같은 결합에너지, E와 이온 간 거리, r의 관계를 그래프로 얻을 수 있다. 이 그래프에서 E = 0을 기준으로 위 영역(+영역)은 반발력을 나타내고, 아래 영역(- 영역)은 인력을 나타낸다.

다음 그림에서 반발에너지는 이온 간의 거리가 멀어질수록 작아지는 것을 볼 수 있고, 인력 에너지는 초기에는 반발력에 지배되어 반발력과 같이 감소하다가, b점에서 인력(-값)이 최대가 된 후 점차 인력이 감소한다. 또한 아래 그림에서 b 점에서 양이온과 음이온 간의 반발력과 인력의 평형이 이루어지고(앞의 그림, 힘-거리 그래프에서는 Fa + Fr = 0인 점), 또한 이 b점에서 결합에너지가 최대가 되어 결합이 이루어지며, 또한 이 b점에서 두 이온 간의 결합거리도 정해진다.

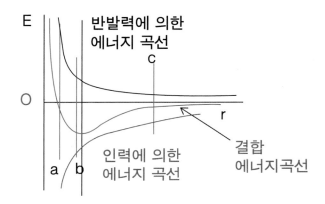

이온화합물의 화학식은 어떻게 쓰나?

염화나트륨 이온화합물은 같은 수의 나트륨 이온(Na^+)과 염소 이온(Cl^-)으로 구성되어 있다. 화학자들은 물질의 조성을 화학식으로 써서 표현한다. 즉 화학식(chemical formula)은 어떤 물질을 대표하는 가장 작은 단위로서 각 원소의 원자수를 나타낸다. 예를 들어 염화나트륨의 화학식은 NaCl이다.

화학식 NaCl은 별개로 떨어진 한 개의 물리적 단위를 말하지는 않는다.

다음 그림에서 보듯이 염화나트륨의 이온들은 규칙적인 문양으로 정렬되어 있다. 이온화합물은 한 개씩 따로 떨어진 단위로 존재하지 않고, 양이온들과 음이온들이 어떤 패턴으로 반복되어 정렬된 집합체로 존재한다. 그래서 어떤 이온화합물의 화학식은 원소 간의 비율인 단위 화학식을 말하기도 한다.

화학식 단위(formular unit)는 이온화합물에서 이온 간의 가장 낮은 정수 비율이다. 염화나트륨에서는 이온 간의 가장 낮은 정수 비율은 1:1(Cl⁻ 이온 한 개당 Na⁺ 이온 한 개)이다. 따라서 염화나트륨의 단위화학식은 NaCl이 된다. 비록 이온들의 전하량이 정확한 화학식을 유도하는 데는 쓰이지만, 그 화합물의 단위화학식을 쓰는 데는 나타나지 않는다.

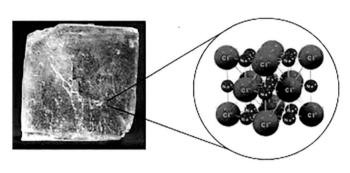

NaCl 결정모델

염화마그네슘 같은 이온화합물은 마그네슘 양이온(Mg^{2+})과 염소 음이온($Cl⁻$)을 포함한다. 염화마그네슘에는 마그네슘 양이온의 염소 음이온에 대한 비율은 1:2(1개의 $Mg⁺$ 대비 2개의 $Cl⁻$)이다. 따라서 염화마그네슘의 단위화학식은 $MgCl_2$가 된다. 즉 이 화합물은 마그네슘 양이온(각 이온은 +2 전하를 가짐)에 비해서 2배로 많은 염소 음이온(각 이온은 -1 전하를 가짐)을 갖고 있기 때문에 전기적으로 중성이다. 브롬화알루미늄은 알루미늄 양이온과 브롬 음이온의 비율은 1:3(1개의 Al^{3+} 이온 대비 3개의 $Br⁻$이온)이므로 단위화학식은 $AlBr_3$가 되고 전기적으로 중성이다.

이온화합물의 특성은 왜 생기는가?

대부분의 이온화합물은 상온에서는 결정 상태의 고체이다. 이러한 결정체는 이온의 일정한 단위구조가 삼차원으로 반복되는 패턴으로 아래 그림과 같이 정렬되어 있다. 그리고 이온화합물은 대체로 결합력이 매우 강하기 때문에 다음 그림과 같이 충격에 잘 깨지는 성질이 있다.

또한 염화나트륨 고체에는 각 나트륨 이온들이 6개의 염소 이온으로 둘러싸여 있고, 각 염소 이온는 6개의 나트륨 이온으로 둘러싸여 있다. 이러한 정렬에서는 각 이온은 그 주변의 각 이온들에게 강한 인력이 작용하며, 척력은 최소화된다. 이러한 강한 인력은 매우 안정된 구조를 만든다. 이러한 안정성은 NaCl의 녹는점이 대략 800℃가 되게 한다. 이온 화합물들은 보통 높은 융점을 갖고 있다.

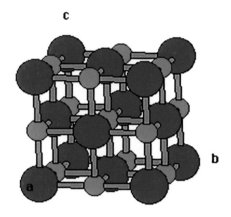

〈배위수(coordination number)〉는 결정에서 어떤 이온을 둘러싼 반대의 전하를 가진 이온의 수이다. 아래 그림은 NaCl에서 이온들이 삼차원적으로 정렬된 것을 보여준다. Na⁺의 배위수는 6이다. 왜냐하면 각 Na⁺ 이온이 6개의 Cl⁻이온으로 둘러싸여 있기 때문이다. 마찬가지로 Cl⁻의 배위수는 6이다. 왜냐하면 각 Cl⁻이온이 6개의 Na⁺ 이온으로 둘러싸여 있기 때문이다. 아래 그림과 같이 염화세슘(CsCl)은 NaCl과 비슷한 단위화학식을 갖고 있지만, 결정구조가 달라서 배위수는 8개로 NaCl과는 다르다.

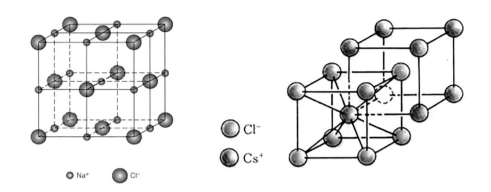

Cl⁻

Cs⁺

Na⁺   Cl⁻

또 다른 이온화합물의 특성은 전기전도도와 관련이 있다. 이온화합물은 고체 상태에서는 전기를 거의 통하지 않지만, 녹거나 또는 물에서 분해되면 전류를 통한다. 염화나트륨이 융해되면 규칙적인 결정구조는 깨진다. 다음 그림에서 보듯이 이 융해된 것에 전압을 가하면 양이온은 한쪽 전극으로 자유롭게 이동하고, 음이온은 다른 전극으로 이동한다. 이러한 이온의 움직임이 외부의 전선을 통하여 두 전극 사이에 전류를 흐르게 한다. 또한 비슷한 이유로 이온화합물이 물에 분해되면 전류를 통한다. 그 이유는 이온들은 그 용액에서 자유롭게 움직일 수 있기 때문이다. 따라서 이온화합물의 전기전도도는 수용액에서 가장 크고, 액체 상태에서는 작다. 고체 상태에서는 전혀 전기를 통하지 않는다. 왜냐하면 전기를 통하려면 이온들의 움직임이 있어야 한다.

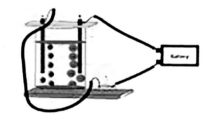

내신 예상 개념 문제

1. 이온결합을 이루는 힘은 어떤 힘인가?

2. 이온결합을 하는 두 원소의 전자배치의 특징은 무엇이며, 전자들은 어떤 규칙을 따르는가?

3. 이온결합을 하게 만드는 정전기력은 인력과 척력이 동시에 작용한다. 이 정전기력, F가 이온 간의 거리, r에 따라 변화하는 모양을 그래프로 그려보아라. 인력은 양, 척력은 음으로 간주한다.

4. 이 정전기력, F(r)의 그래프를 에너지, E(r)의 그래프로 변환하면, 그래프는 어떻게 변하겠는가?

5. E(r)의 그래프에서 이온 간의 결합에너지는 어디에 나타나는가? 그리고 결합 길이는 그래프상에서 어디에 위치하는가?

6. 화학식은 무엇을 말하는 것이며, 이 화학식에는 어떤 정보가 담겨 있는가?

7. 이온화합물은 어떤 형태로 존재하는가?

8. 이온화합물의 큰 특징 세 가지를 말하고, 각각 그 이유를 말하라.

9. 배위수란 무엇인지 설명하고, NaCl의 Na^+의 배위수는 몇 개인가?

10. 이온화합물은 고체 상태에서 전기를 통하는가? 그 이유는?

분자와 분자 화합물

자연에는 단지 헬륨이나 네온과 같은 불활성기체만이 결합되지 않은 상태로 존재한다. 그것들은 단원자이다. 즉 아래 그림에서 보듯이 헬륨(He)은 한 개의 원자로 구성되어 있다. 그러나 모든 원소가 단원자인 것은 아니다. 예를 들어 숨 쉬는 공기의 주요 성분은 산소(O_2) 기체이다. O_2라는 화학식으로부터 짐작할 수도 있겠지만, O_2는 산소 원자 2개가 결합되어 있는 것을 표시하는 것이다.

앞에서 이온화합물에 대해서 배웠으며, 이온화합물은 대체로 높은 융점을 갖는 결정형 고체이다. 그러나 다른 화합물들은 매우 다른 성질을 갖는다. 예를 들어 물(H_2O)은 상온에서 액체이다. 이산화탄소(CO_2)와 일산화질소(N_2O)는 모두 상온에서 기체이다. 그러나 O_2, H_2O, CO_2와 N_2O에서 원자들을 한데 묶는 인력은 이온결합으로는 설명되지 못한다. 그 결합에서 전자들의 이동은 관여하지 않는다.

수소   산소   암모니아

전자의 공유도 결합하는 한 가지 방법이다

이온결합은 원자들이 전자를 주고받을 때 만들어지는 것에 비하여, 원자들이 결합하는 또 다른 방법은 전자를 공유하는 방법이다. 전자들을 공유해서 한데 묶인 원자는 〈공유결합 (covalent bond)〉에 의해 결합되어 있다. 공유결합에서는 원자 사이에서 전자들의 줄 다리기가 일어나고 있다. 앞으로 공유결합의 여러 가지 형태에 대해서 배울 것 이다.

앞의 그림에 나타낸 수소와 산소 그리고 암모니아(NH_3)는 분자라고 한다. 분 자(molecule)는 공유결합으로 만들어진 중성을 띤 원자들의 묶음이다. 산소 기체는 두 개 의 산소 원자가 공유결합으로 만들어진 산소 분자들로 이루어져 있다.

즉 산소 분자는 〈이원자분자(diatomic molecule)〉 즉, 두 개의 원자를 포함하는 분자의 한 예다. 자연에서 발견되는 다른 이원자분자에는 수소, 질소와 할로겐 등이 있다. 분자는 서로 다른 원소의 원자들로 만들어진다.

이렇게 분자들로 이루어진 화합물을 〈분자화합물(molecular compound)〉이라고 한다. 물 은 이러한 분자화합물의 한 예이다. 물속의 분자들은 모두 같다. 즉 모든 물의 분자는 두 개의 수소와 한 개의 산소 원자가 강하게 붙어서 결합된 단위이다.

분자를 표기하는 방법에는 몇 가지가 있다

'분자식(molecular formula)'은 분자화합물의 화학식이다. 분자식은 어떤 물질이 그 구성 원소에 각각 몇 개의 원자를 포함하는지를 나타낸다. 다음 그림에서 물의 분자식은 H_2O 이다. 각 원소의 부호 뒤에 오는 첨자는 그 분자 안에 있는 각 원소의 수를 나타낸다. 만일 단지 한 개의 원자만 있다면 첨자는 1이고 보통 생략된다. 이산화탄소의 분자식은 CO_2이다. 이 식은 그 분자가 탄소 원자 한 개와 산소 원자 두 개를 포함하는 것을 나타낸다.

분자식

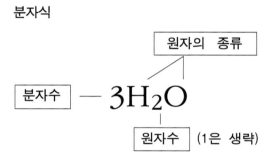

분자식은 각 분자 안에 있는 실제의 원자수를 나타낸다. 첨자들은 반드시 가장 낮은 정수비는 아니다. 또한 분자식은 한 가지 원소만으로 된 분자도 표시한다는 것을 알고 있자. 예를 들어 산소 분자는 두 개의 산소 원자가 결합된 것이며, 그 분자식은 O_2 이다.

분자식은 그 분자의 구조를 말해주지는 않는다. 다시 말해서 분자식은 여러 원소가 공간에서 정렬하는 모양이나, 어떤 원자가 서로 공유결합을 하는지를 보여주지는 않는다. 아래 그림과 같이 분자 모델과 분자 구조식이 그 분자에서 원자들의 배치를 나타내는 데 쓰인다.

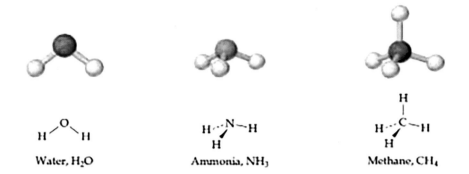

Water, H₂O   Ammonia, NH₃   Methane, CH₄

분자 내에서 원자들이 정렬되어 있는 모양을 분자구조라고 부르고 분자 구조식으로 나타낸다. 다음 그림은 이산화탄소의 분자 구조는 세 개의 원자가 어떻게 일렬로 정렬되어 있음을 보여준다. 그리고 분자 모델은 탄소 원자가 각 분자에서 두 개의 산소 원자들 사이에 있음을 보여준다. 또한 물의 분자구조 모델은 산소 원자가 수소 원자들 사이에 어떻게 놓여 있는지를 보여준다. 이산화탄소와는 달리 물에서는 원자들은 일렬로 정렬되어 있지 않다. 대신에 수소 원자들은 주로 물 분자의 한쪽에 치우쳐 있다.

물	수소	산소	이산화탄소
H_2O	H_2	O_2	CO_2

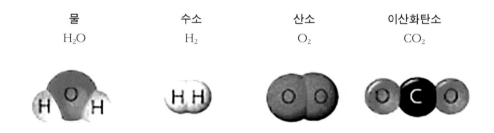

에타놀(ethanol, C_2H_6O)의 분자식은 더욱 복잡하다. 각 탄소 원자는 4개의 원자와 결합되어 있고, 각 수소 원자는 한 개의 원자에 결합되어 있고, 한 개의 산소 원자는 2개의 원자에 결합되어 있다. 아래 그림에 에타놀의 분자 모델과 분자 구조식이 나타나 있다.

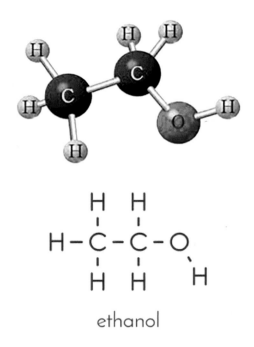

ethanol

분자화합물과 이온화합물의 비교

어떤 대표 단위가 분자화합물과 이온화합물을 정의할까?

지금까지 화학식이 어떻게 분자화합물과 이온화합물을 나타내는 데 쓰일 수 있는가 알아보았다. 두 가지 화합물 형태는 모두 다른 원소들이 화학적으로 결합된 원자들로 되어있다. 그러나 이 화학식들은 각각 다른 대표 단위를 나타낸다. 즉 분자화합물의 대표 단위는 분자이고, 이온화합물의 대표 단위는 단위화학식이다. 이온화합물에서 화학식단위는 이온 간의 가장 낮은 정수배인 것을 기억하자. 다시 말하면 분자와 단위화학식을 혼동하지 않는 것이 중요하다.

분자는 한 단위로 움직이는 두 개 이상의 원자들로 만들어져 있다. 이러한 따로 떨어진 단위는 이온화합물에는 없다. 이온화합물은 이온들의 연속적인 정렬이다. 따라서 염화나트륨 분자라든가, 염화마그네슘 분자라는 것은 없다. 대신에 이온화합물은 양과 음의 전하를 가진 이온들이 반복적으로 3차원적인 패턴으로 정렬된 집단으로 존재한다.

그러면 분자화합물과 이온화합물의 성질을 비교해보자.

1. 분자화합물은 이온화합물보다 상대적으로 낮은 융점과 비점을 갖는 경향이 있다.
2. 많은 분자화합물은 상온에서 기체나 액체로 존재하고, 분자화합물은 전기를 잘 통하지 않는 데 반하여, 이온화합물은 물에 녹아서 전기를 아주 잘 통한다.
3. 또한 이온화화물은 단단하고 강도가 매우 높아서 부서지기 쉬운 반면에 분자화합물은 부드럽다.
4. 이온화합물은 보통 상온에서 고체로 존재하고 녹는점이 높다.
5. 그리고 이온화합물은 금속이 비금속과 결합해서 만들어지는 것에 비해서, 분자화합물은 두 개 이상의 비금속으로 구성되어 있다. 예를 들어 탄소원자 한 개는 산소 원자 한 개와 결합하여 일산화탄소라고 하는 분자화합물을 만든다.

공유결합의 기본 성질

공유결합에서의 옥텟 규칙은 어떻게 적용되나?

이온화합물이 만들어질 때는 전자들이 이전되어서 이온들은 불활성기체의 전자배치를 갖게 되는 것을 상기하자. 유사한 규칙이 공유결합에도 적용된다. 공유결합에서도 전자들의 공유는 대개 원자들이 불활성기체의 전자배치를 갖도록 일어나게 된다.

예를 들어 한 개의 수소 원자는 한 개의 전자를 갖고 있다. 그러나 수소 원자 한 쌍은 이원자수소 분자로 공유결합을 하기 위하여 전자를 공유한다. 그러면 각 수소 원자는 두 개의 전자를 갖는 불활성기체인 헬륨의 전자배치를 얻게 된다. 주기율표의 4A, 5A, 6A와 7A족에 있는 비금속과 준금속의 조합들은 공유결합을 하는 경우가 꽤 많다. 그렇게 조합된 원자들은 전자들을 공유하여 전체 8개의 전자 또는 옥텟 전자배치를 갖게 되며, 이것은 결과적으로 옥텟 규칙이 적용되는 것을 말한다.

단일 공유결합이란 무엇인가?

수소 분자에서 수소 원자들은 주로 양전하의 원자핵과 공유한 전자들의 인력으로 한데 묶여 있다. 전자 한 쌍을 공유한 두 개의 원자는 〈단일공유결합(single covalent bond)〉으로 결속되어 있다. 수소 기체는 그 원자들이 단지 한 쌍의 전자만을 공유하여 단일공유결합을 만드는 이원자분자로 구성되어 있다.

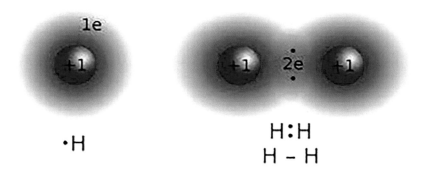

H:H와 같은 전자-점 구조는 2개의 점으로 공유결합의 공유된 전자쌍을 표시한다. 그리고 공유결합을 만드는 전자쌍은 수소의 경우에서 자주 H-H로 표시된다. 즉 구조식에서는 공유결합을 줄(dash)로 표시하며, 공유결합으로 결합된 원자들이 정렬된 모양을 나타낸다. 반면에 수소의 분자식, H_2는 각 분자에서 수소 원자의 수만을 나타낸다.

할로겐도 역시 단일 공유결합을 하여 이원자분자를 만든다. 불소가 그 한 예이다. 왜냐하면 불소 원자는 7개의 밸런스전자를 갖고 있어서, 불활성기체의 전자배치를 만드는 데 오직 한 개의 전자만이 더 필요하기 때문이다. 전자를 공유해서 단일공유결합을 만들면, 두 개의 불소 원자들은 각각 네온의 전자배치를 가질 수 있다.

F$_2$ 분자에서는 각각의 불소 원자는 옥텟 전자배치를 만드는 데 한 개의 전자를 제공한다. 두 개의 불소 원자는 단지 한 쌍의 원자가전자만을 공유한다. 원자 사이에 공유에 참여하지 않은 원자가전자쌍들은 〈비공유 전자쌍(unshared pair)〉이라 부른다. 이는 또한 고립 전자쌍 또는 〈미결합 전자쌍〉이라고도 부른다. F$_2$에서는 각 불소 원자는 3쌍의 비공유 전자쌍을 갖고 있다.

화합물의 분자에서도 이원자분자와 마찬가지로 전자-점 구조를 그릴 수 있다. 물(H$_2$O)은 두 개의 단일 공유결합으로 된 3개의 원자를 가진 분자이다. 2개의 수소 원자는 한 개의 산소 원자와 전자들을 공유한다. 전자를 공유하게 되면 수소와 산소 모두 불활성기체의 전자배치를 갖게 된다. 다음 전자-점 구조에서 보듯이 물에서 산소 원자는 2쌍의 비공유 전자쌍을 갖고 있다.

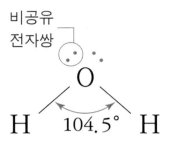

암모니아(NH_3)의 전자-점 구조도 비슷한 방법으로 그릴 수 있다. 암모니아 분자는 1개의 비공유 전자쌍을 가지고 있다.

천연가스의 주성분은 메테인(CH_4)이다. 메탄은 네 개의 단일공유결합을 가지고 있다. 탄소는 4개의 원자가전자를 갖고 있고, 불활성기체의 전자배치를 갖기 위해서는 4개의 원자가전자가 필요하다. 수소 원자 4개는 각각 탄소원자와 공유할 한 개씩의 전자를 제공하여, 4개의 동일한 탄소-수소 결합을 만든다. 다음 그림의 전자-점 구조에서 보듯이 메테인은 비공유전자쌍을 갖고 있지 않다.

탄소가 다른 원자와 결합하게 되면, 메탄의 경우와 같이 보통 4개의 결합을 만든다. 다음에 나타난 탄소의 전자배치를 근거로 해서는 그러한 패턴을 예측하기는 힘들다.

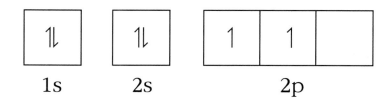

만일 탄소의 2p 전자 두 개와 수소의 1p 전자 두 개를 결합하여 C-H 결합을 만들면, CH_4가 아닌 CH_2의 분자식을 가진 분자가 만들어지는 것으로 잘못 예측할 수 있다. 그러나 실제로 탄소가 네 개의 결합을 만들 수 있는 이유는 탄소의 2s 전자들 중에서 한 개의 전자가 자리를 옮겨서, 비어 있는 2p 오비탈로 〈변위(promotion)〉되어 다음 그림과 같은 전자배치를 만들기 때문이다.

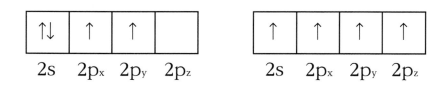

이러한 〈전자변위(electron promotion)〉에는 단지 작은 에너지만이 필요하다. 그리고 이러한 변위는 탄소가 4개의 수소 원자와 공유결합을 할 수 있는 4개의 전자를 제공한다. 이렇게 4개의 수소 원자와 공유결합해서 만들어진 메탄은 CH_2보다 훨씬 더 안정하다. 이 결과 얻은 메탄의 안정성은 전자변위를 하기 위한 작은 에너지의 소모를 보상하고도 남는다. 따라서 메탄(CH_4)의 형성이 CH_2의 형성보다 에너지 측면에서 유리하다고 하겠다.

염산(HCl)수용액은 물에 염화수소 가스를 물에 용해하여 만들어진다. 염화수소는 이원자분자이고, 단일 공유결합을 한다면 HCl의 전자점 구조식을 써보아라.

1. 먼저 단일 공유결합을 하므로 각각의 원자가 전자 한 개씩을 주고 받아야한다는 개념을 갖고 시작한다.
2. 수소와 염소원자의 전자점 식을 쓴다.
   즉 H. 와 Cl : 이다.
3. 그 후에 두 가지 원자 중에서 어느 원자가 전자를 제공하고, 어느 원자가 전자를 받는지를 구분해서 두 원소 모두에 옥텟 규칙을 적용할 수 있는지 검토한다.
4. 전자점 구조식을 쓴 후에 옥텟 규칙을 만족시키는지 확인한다.

배위 공유결합이란 어떤 것인가?

일산화탄소는(CO)는 물, 암모니아, 메테인 그리고 이산화탄소에서 볼 수 있는 공유결합과 다른 형태의 공유결합을 하는 한 예이다. 탄소 원자는 네온의 전자 배치를 얻기 위해서는 4개의 전자가 필요하다. 산소 원자는 2개의 전자가 필요하다. 그러나 이 두 원자가 배위공유결합(coordinate covalent bonds)이라는 형태로 결합하면 두 원자 모두 불활성기체의 전자배치를 이루는 것이 가능하다. 어떻게 할 수 있는지 먼저 탄소와 산소 사이의 이중 공유결합을 살펴보자.

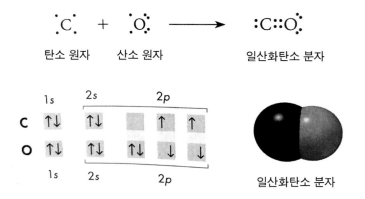

| 탄소 원자 | 산소 원자 | | 일산화탄소 분자 |

일산화탄소 분자

앞의 그림과 같이 이중결합이 이루어지면 산소는 안정된 전자배치를 갖게 되지만, 탄소는 그렇지 못하다. 이러한 문제는 아래에 나타낸 것과 같이 산소가 비공유전자쌍 중의 하나를 결합하는데 더 제공하면 해결될 수 있다.

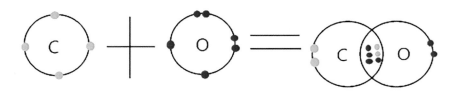

이렇게 공유결합에서 어느 한 원자가 결합에 필요한 모든 쌍의 전자를 제공하는 공유결합을 〈배위공유결합(coordinate covalent bond)〉이라고 한다. 구조식은 배위공유결합에서 전자쌍을 주는 원자 쪽에서 그것을 받는 원자 쪽으로 화살표를 해서 나타낸다. 일산화탄소의 구조식에서 두 개의 공유결합과 한 개의 배위공유결합은 $C \equiv O$로 나타낸다. 배위공유결합에서는 공유전자쌍은 결합하는 원자 중의 하나로부터 나온다. 일단 배위공유결합이 형성되면, 다른 공유결합과 같다.

암모니움(NH_4^+)은 아래 그림과 같이 한 개의 배위공유결합을 포함한 공유결합으로 결속된 원자들로 구성되어 있다. NH_4^+와 같은 다원자이온은 양 또는 음의 전하를 지니고, 한 단위로 반응하는 아주 견고하게 결합된 원자들의 집합체이다. 암모늄 이온은 양전하의 수소이온(H^+)이 암모니아 분자(NH_3)의 비공유 전자쌍을 만나면 만들어진다.

대부분의 다원자 양이온 또는 다원자 음이온들은 공유결합 또는 배위공유결합을 포함한다. 따라서 다원자 이온을 포함하는 화합물은 이온결합과 공유결합 모두를 가진다.

결합분해 에너지와 결합의 다중성과의 관계는 어떤가?

수소 원자가 결합해서 수소 분자를 만들 때는 많은 양의 열이 방출된다. 이러한 열의 방출은 그 생성물이 반응물보다 더 안정하다는 것을 말해준다. 수소 분자(H_2)의 공유결합은 아주 강해서, 1몰(6.0×10^{23} 결합 또는 2그램)에서의 모든 결합을 해체하는 데는 435kJ의 에너지가 소요된다. 두 개의 공유결합으로 결합된 원자들 사이를 끊는데 필요한 에너지는 〈결합분해에너지(bond dissociation energy)〉라고 한다. 이 에너지의 단위는 보통 kJ/mol이고, 이것은 1몰의 결합을 끊는 데 필요한 에너지이다. 예를 들어 H_2 분자의 결합분해에너지는 435kJ/mol이다.

큰 결합분해 에너지는 강한 공유결합에 해당한다. 전형적인 탄소-탄소 단일 결합은 437kJ의 결합분해에너지를 가진다. 전형적인 탄소-탄소 이중 및 삼중 결합분해에너지는 각각 657kJ/mol과 908kJ/mol이다. 이와 같이 강한 탄소-탄소의 결합은 탄소화합물들의 안정성을 설명하는 데 도움이 된다. 메테인과 같이 단지 C-C와 C-H 만으로 이루어진 화합물은 비교적 반응성이 낮은 경향이 있다. 그것들이 반응성이 낮은 이유는 각 결합의 결합분해에너지가 높기 때문이다. 다음 표에 몇 가지 흔한 결합의 결합분해에너지가 나타나 있다.

결합 엔탈피

$$H_{2(g)} \longrightarrow H_{(g)} + H_{(g)} \quad \Delta H^0 = 436.4 \text{ kJ}$$

$$Cl_{2(g)} \longrightarrow Cl_{(g)} + Cl_{(g)} \quad \Delta H^0 = 242.7 \text{ kJ}$$

$$HCl_{(g)} \longrightarrow H_{(g)} + Cl_{(g)} \quad \Delta H^0 = 431.9 \text{ kJ}$$

$$O_{2(g)} \longrightarrow O_{(g)} + O_{(g)} \quad \Delta H^0 = 498.7 \text{ kJ} \qquad \ddot{O} = \ddot{O}$$

$$N_{2(g)} \longrightarrow N_{(g)} + N_{(g)} \quad \Delta H^0 = 941.4 \text{ kJ} \qquad :N \equiv N:$$

다음 그래프에서 알 수 있듯이 결합분해에너지(결합력과 반대 의미)는 인력과 반발력이 같아서 평형을 이루는 〈결합거리(원자 간의 거리)〉에서 최대가 된다. 그리고 이 결합분해에너지는 결합거리에서의 에너지를 말함을 알 수 있다.

이 결합길이와 결합분해에너지는 각 공유결합을 이루는 원소들과 결합의 다중성에 따라 다르다. 즉 N_2 분자의 공유결합은 O_2 분자의 공유결합보다 2배 정도 크며, 삼중결합은 이중결합보다 그 분해에너지가 크고, 이중결합은 단일 공유결합보다 분해에너지가 크다. 이와는 반대로 결합길이는 분해에너지가 클수록 작아진다.

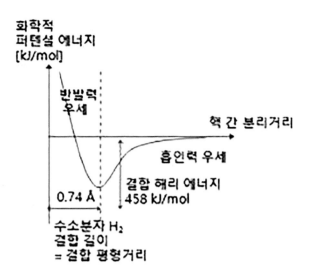

공유결합 분자에서 원자반경, 결합거리와 결합에너지의 관계는 어떤가?

공유결합으로 만들어지는 분자들의 결합길이는 원자들의 반경이 커지면 당연히 커지게 된다. 따라서 같은 족에 속하는 원소의 분자인 Cl_2, Br_2, I_2의 결합 거리는 원자번호가 가장 작은 Cl_2의 결합 거리가 자장 짧게 된다. 원자반경은 같은 족에서 원자번호가 커지면 원자반경도 커짐을 기억하자. 결합 에너지는 결합길이가 짧으면 짧을수록 커진다.

오존 분자에서 공명 구조란 무엇인가?

대기 상층부에 있는 오존은 태양으로부터 나오는 해로운 자외선을 차단한다.
　그러나 낮은 고도에서는 오존은 스모그의 원인이 된다. 오존 분자의 구조는 두 가지 가능한 전자-점 구조가 가능하다. 아래 그림에서 보듯이 왼쪽의 구조는 산소 원자의 위치를 변화시키지 않고, 전자쌍을 이동시키면 오른쪽 구조로 변환할 수 있다.

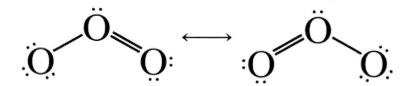

앞의 그림에서 보듯이 위의 전자-점 구조는 오존의 결합은 한 개의 단일배위 공유결합과 한 개의 이중공유결합으로 이루어진 것으로 보여 진다. 즉 초기의 화학자들은 전자쌍이 두 가지의 다른 전자-점 구조 사이를 빠르게 왔다 갔다 하는 것으로 상상해서, 두 가지 또는 그 이상의 구조가 공명하는 것을 나타내기 위하여 양방향 화살표로 그것을 나타냈다.

이중공유결합은 대체로 단일공유결합 보다는 그 결합길이가 짧다. 따라서 오존의 결합길이(bond length)는 동일하지 않다고 믿어져 왔다. 그러나 실험의 측정 결과는 그렇지 않았다. 오존의 두 개의 결합은 길이가 같았다. 결과는 오존 분자에서의 실제 결합은 두 가지 전자-점 구조의 평균임을 가정하면 설명할 수 있다. 즉 전자쌍은 실제로 왔다 갔다 하지는 않는다. 실제의 결합은 공명형태로 표시하는 전자구조 양끝의 하이브리드(hybrid) 또는 혼합체이다.

오존에서 보는 두 가지의 전자-점 전자구조는 지금도 공명구조로 말하고 있다. 〈공명구조(resonance structure)〉는 분자나 이온에서 같은 수의 전자를 갖는 두 개 또는 그 이상의 유효한 전자-점 구조를 그릴 수 있을 때 나타나는 구조다. 화학자들은 분자들에서 단일 구조식으로는 적절히 나타낼 수 없을 때 공명구조를 사용한다. 비록 전자가 왔다 갔다 하지는 않지만, 양방향화살표는 공명결합을 연결하는 데 쓰인다.

1. 분자란 무엇인지 말하고, 그 예를 들어보라.

2. 분자화합물이란 무엇인지 말하고, 분자화합물에서 전자들의 움직임은 있는지 또는 없는지 설명해보라.

3. 분자식의 예를 들고, 이것의 단점을 말해보라.

4. 분자 구조식이란 무엇인지 말하고, H_2O와 CO_2를 예로 들어 그려보아라.

5. 분자화합물은 보통 어떤 원소들 사이에서 만들어지는가?

6. 분자화합물은 왜 전기를 잘 통하는지 않는지 설명해보라.

7. 분자화합물의 융점은 이온화합물에 비해서 대체로 어떤가?

8. 공유결합이란 무엇인가 말하고, 이런 공유결합이 잘 일어나는 경우를 말해보라.

9. 공유결합에서 꼭 지켜야 되는 규칙은 무엇인가?

10. 이중 공유결합이란 무엇을 의미하는가? 그리고 그 예를 들어보라.

11. 비공유 전자쌍이란 무엇인가 말하고, F_2 분자에서 비공유 전자쌍은 몇 개인가?

12. 전자변위란 무엇인가 CH_4를 예로 들어 설명해보라.

13. 배위 공유결합은 무엇인지 NH_4^+를 예로 해서 설명해보라.

14. 결합무해 에너지란 무엇인지 그래프로 설명해보라.

15. 공유결합 길이란 어떤 것인지 말하고, 결합에너지-원자 간 거리의 그래프에서 나타내보라.

16. 전자점 구조식이란 무엇인지, CH_4를 예로 하여 설명하라.

17. 루이스 구조식이란 무엇인지, CH_4를 예로 하여 설명하라.

18. 오존 분자의 공유결합에서 공명 구조란 무엇을 말하는 것인가?

Ⅲ-4 / 금속결합

금속결합은 어떻게 만들어지나?

금속은 중성의 원자로 되어 있는 것은 아니며, 밀집하여 쌓여 있는(closely packed) 양이온과 느슨하게 묶인 원자가전자로 구성되어 있다. 순수한 금속 원자의 원자가전자는 마치 전자바다 (sea of electrons)와 같다는 모델이다.

그것은 원자가전자는 움직이며, 금속의 한 곳에서 다른 곳으로 자유롭게 이동할 수 있는 것을 의미한다.

〈금속결합(metallic bonding)〉은 아래 그림과 같이 자유롭게 떠다니는 원자가전자(전자바다라고 한다)와 양으로 대전된 금속이온 간의 끌어당기는 힘이 금속 원자들을 한데 묶고 있는 것이다. 그리고 자유롭게 이동하는 원자가전자가 금속의 특유한 성질을 나타내게 한다.

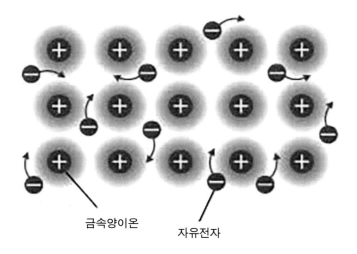

금속양이온   자유전자

금속결합의 성질은 왜 그렇게 나타나는가?

전자바다 모델은 금속의 여러 성질을 설명할 수 있다. 금속은 그 안에서 전자들이 자유롭게 흐를 수 있기 때문에 좋은 전기 전도체이다. 전자들이 금속 막대의 한 쪽 끝으로 들어가면, 같은 수의 전자들이 다른 쪽 끝으로 나온다.

금속은 인성(가늘게 뽑히는 성질)이 좋기 때문에 아래 그림에 나타난 것처럼 가는 줄로 뽑을 수 있다. 또한 금속은 연성(얇게 퍼지는 성질)과 가공성이 좋기 때문에 망치로 두드리거나, 압축기로 눌러서 다양한 모양으로도 만들 수 있다. 금속이 이러한 성질을 갖는 원인은 원자들이 밀집하여 쌓여 있으므로, 원자들이 힘에 의해서 움직일 때 에너지가 적게 들기 때문이다.

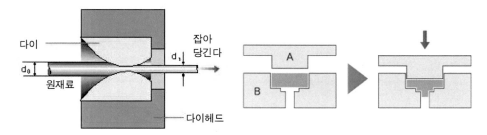

이러한 금속의 연성이나 가공성은 원자가전자의 유동성으로 설명할 수도 있다. 즉 유동하고 있는 원자가전자의 바다는 금속 양이온들이 서로 반발하는 것을 막아서 인성이나 연성을 증가 시킨다. 즉 금속이 압력을 받게 되면 금속 양이온들은 마치 오일에 둘러싸인 볼 베어링처럼 쉽게 미끄러진다. 이에 반하여 앞에서 설명한 이온결정은 망치로 때리면, 그 타격은 양이온들을 서로 가깝게 하여 양이온들은 서로 반발하여 결 정은 부서지는 성질을 갖게 된다.

금속의 결정 구조는 어떻게 만들어지나?

시장에 가게 되면, 사과나 오렌지들을 어떻게 쌓아 놨는지 살펴보자. 거의 확실 하게 그것들은 다음 그림과 같이 밀집되게 쌓여 있을 것이다. 이렇게 쌓으면 공 간을 절약하면서 가장 많이, 그리고 높게 과일을 쌓는 데 도움이 된다. 이렇게 같은 공간에 원자들을 많이 쌓으면 그 시스템의 내부에너지를 최소로 줄일 수 있기 때문이다. 그러나 왜 다양한 구조가 생기는 것일까? 그것은 오로지 공간 적인 측면에서는 어느 한 구조가 유리할지 몰라도 모든 물질은 중성을 띠어야 하기 때문에 이 두 가지 조건을 만족시키는 방향으로 자연은 그 구조를 결정하 게 되는 것이다.

이와 유사한 〈밀집 쌓기〉는 금 속의 결정 구조에서도 발견된다. 금속이 결정체라는 것에 놀랄지 도 모른다. 사실 한 종류의 원소 만으로 구성된 금속은 모든 결 정형의 고체 중에서 가장 간단 한 것 중 하나다. 금속 원자들은 매우 조밀하게 규칙적인 패턴으로 정렬되어 있 다. 금속 원자와 같이 동일한 크기의 공 모양은 몇 가지의 밀집된 정렬이 가능 하다. 아래 그림에 이러한 정렬의 세 가지, 즉 〈체심입방〉, 〈면심입방〉 그리고

〈육방조밀〉의 구조가 나타나 있다.

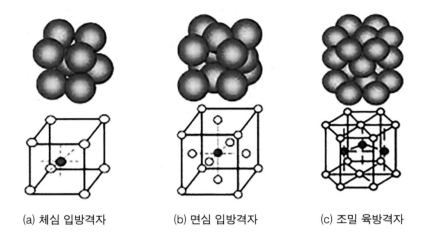

(a) 체심 입방격자　　　　(b) 면심 입방격자　　　　(c) 조밀 육방격자

　　체심입방큐빅 구조의 각 원자는 (표면에 있는 원자를 제외하고는) 8개의 근접원자(neighbors)를 갖는다. 면심입방큐빅 구조에서는 12개의 근접원자를 갖는다. 면심입방큐빅 구조를 갖는 금속은 구리, 은, 금, 알루미늄과 납 등이 있다. 육방조밀 구조에서는 각 원자는 12개의 근접원자를 갖는다. 그러나 이 육방조밀 구조는 육각형이기 때문에 그 패턴이 면심입방큐빅과는 다르게 정렬한다. 육방조밀 구조를 갖는 금속에는 마그네슘, 아연과 카드뮴(Cd) 등이 있다.

합금(Alloys)이란 무엇을 말하나?

매일 금속으로 만들어진 생활용품을 사용한다. 그러나 이것들은 한 가지 금속으로만 만들어진 것은 거의 없다. 대신에 여러분이 접하는 금속은 대부분 합금이다. 합금은 두 개 이상 원소의 혼합물이고, 그중 한 가지는 금속이다. 예를 들어 놋쇠(brass)는 구리와 아연의 합금이다. 합금은 그 성질이 합금을 구성하는 각각의 성분보다 우수하기 때문에 중요하다. 스터링실버(stering silver, 92.5% 은과 7.5% 구리)는 순수한 실버보다 더 단단하고, 더 내구성도 좋고, 장신구나 식기를 만들 수 있을 만큼 부드럽다.

청동(bronze)는 보통 구리 7할에 주석(tin) 3할로 된 합금이다. 이 청동은 구리보다 강하고, 또한 틀에 부어 만들기도 더 쉽다. 청동, 구리-니켈, 알루미늄 합금과 같은 비철 합금은 코인을 만드는 데 흔히 쓰인다.

이러한 합금 중에서 가장 중요한 합금은 강철이다. 대부분 강철의 주요 원소는 철(Fe)과 탄소(C)와 더불어 보론(B), 크롬(Cr), 망간(Mn), 몰리브덴(Mo), 니켈(Ni), 텅스텐(W)과 바나듐(V)이다. 결과적으로 강철은 연성(ductility), 강도(strength), 파괴 인성(toughness), 내부식성 등에서 넓은 범위의 성질을 갖게 된다. 아래 그림은 위에서 말한 구리와 주석의 합금인 청동으로 만든 오래된 종과 현대적 색깔을 가진 스터링 실버 귀걸이 그리고 우리 전통 문화인 구리와 아연의 합금인 놋쇠 그릇을 보여준다.

합금은 그 구성 원소들과는 다르게 만들어진다. 합금에서 그 구성 원소들의 크기가 비슷하면, 결정 내에서 서로 자리를 바꾼다. 이러한 합금을 〈치환형 합금〉이라고 한다. 만일 그 크기가 꽤 다르면, 작은 원자는 큰 원자 사이의 틈새에 들어간다. 이러한 합금을 〈틈새형 합금〉이라고 한다. 예를 들어 여러 종류의 강철에서 탄소는 철 원자 사이의 틈새에 자리한다. 그래서 강철은 틈새형 합금이다.

1. 원자들이 금속결합을 하는데 원자들이 쌓이는 기본 원칙은 무엇인가? 또 그 이유는 무엇인가?

2. 금속결합은 어느 경우에 이루어지는가?

3. 원자들이 금속결합을 하게 되면, 원자가전자들은 어떤 상태로 존재하는가? 그림을 그려서 설명하라.

4. 금속결합의 3가지 큰 특성은 무엇인가? 그리고 그러한 성질이 나타나는 그 이유를 각각 말하라.

5. 자유전자란 무엇인가 말하고, 이것이 금속결합의 특성에 어떻게 영향을 주는지 말하라.

6. 금속결합을 쉽게 하는 원소들의 특징은 무엇인가?

7. 금속결합을 하는 금속의 융점은 이온결합이나 공유결합에 비해 어떠한가?

8. 밀집 쌓기의 형태의 세 가지를 말하고 그려보아라.

9. 합금이란 무엇인지 말하고, 왜 합금을 만드는지 말해보아라.

10. 합금이 만들어질 때, 구성 원자들이 배치되는 2가지 형태를 말하고 이 두 가지를 그림으로 설명해보아라.

11. 두 가지 금속이 합금을 만들 때, 구성 원자들의 원자 반경의 크기가 왜 중요한가를 말해보아라.

12. 우리나라의 고대 금속활자는 합금의 어떤 성질의 변화를 이용한 것일까?

결합이론과 분자 구조

분자오비탈은 오비탈과 어떻게 다른가?

공유결합에서 지금까지 사용해온 모델은 오비탈은 각각의 원자에 속한다는 것이다. 그러나 전자들이 오직 원자들의 집단 즉 분자에 존재하는 오비탈을 사용해서 설명하려는 양자역학적 모델이 있다. 이 모델은 두 개의 원자가 결합할 때 원자오비탈들이 겹쳐서 분자오비탈(molecular orbital)을 만드는 것을 의미한다.

어떤 면에서 원자오비탈과 분자오비탈은 유사하다. 그러나 원자오비탈이 어떤 특정한 원자에 속하는 것에 비하여, 분자오비탈은 분자 전체에 속한다. 각각의 원자오비탈은 두 개의 전자를 가지면 꽉 채워진다. 마찬가지로 분자오비탈을 채우려면 두 개의 전자가 필요하다. 공유결합에서 두 개의 전자로 채워질 수 있는 분자오비탈을 '결합오비탈(bonding orbital)'이라 부른다.

이 결합오비탈에는 시그마 결합, 파이 결합과 하이브리드 결합이 있다.

수소는 시그마결합으로 이원자분자가 만들어진다

두 개의 원자오비탈이 합쳐져서 그 연결 축을 중심으로 하여 대칭으로 분자오비탈이 만들어지

면 다음 그림과 같이 〈시그마결합(sigma bond)〉이 형성된다. 이 시그마결합은 σ로 나타
낸다.

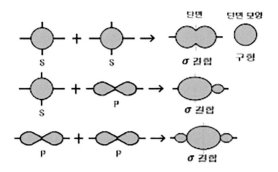

　일반적으로 공유결합은 원자핵과 그와 관련된 전자들 사이에 인력과 반발력
의 불균형으로부터 만들어진다. 즉 그들의 전하는 반대이기 때문에 핵과 전자
는 서로 잡아당긴다. 반대로 같은 전하를 가진 핵과 핵은 서로 밀어내고, 전자
는 다른 전자를 밀어낸다. 그러나 수소 분자의 결합 분자오비탈에서는 수소 원자핵과 전
자들 간의 인력이 반발력보다 강하다. 그래서 수소 원자들 사이의 모든 상호작용의 균형이 원
자들을 한데 묶는 쪽으로 기울게 된다. 그 결과로 안정된 이원자분자, H_2가 만들어진다.

　p-오비탈도 겹치면 분자 오비탈을 만든다. 불소 원자는 반쪽만 채워진 2p오
비탈을 갖고 있다. 두 개의 불소 원자가 위 그림에서 세 번째와 같이 합쳐지면, p-오비탈들
은 겹치면서 결합용 분자오비탈을 만든다. 이것이 p-오비탈 시그마 결합이다. 양전하를 가
진 두 개의 불소 핵 사이에 전자쌍이 있을 확률이 높다. 불소 핵은 이렇게 전자
밀도가 높은 곳으로 당겨진다. 이러한 인력이 불소 분자(F_2)에서 원자들을 한데
묶는다. 2p 오비탈이 겹치면서 결합용 분자오비탈이 만들어지고, 그것은 두 핵
을 연결하는 F-F 결합축을 중심으로 보면 대칭이다. 따라서 F-F결합은 p-오비
탈 시그마 결합이다.

파이결합은 어떻게 만들어지는가?

불소(F)의 시그마 결합에서는 p오비탈은 끝과 끝이 겹친다. 그러나 다른 분자에서는 오비탈의 옆과 옆이 겹칠 수 있다. 아래 그림에 나타낸 것처럼 p오비탈이 나란히 겹치면 〈파이 분자오비탈〉이 만들어진다. 파이 오비탈에 두 개의 전자가 채워지면 파이결합이 만들어진다. 파이결합(π-bond)에서는 결합축의 위와 아래에 생기는 반달 모양의 영역에서 결합전자들이 발견될 확률이 높다. 파이 결합에서는 원자 오비탈이 시그마결합에서 보다 적게 겹치기 때문에, 결합력은 파이결합이 시그마결합보다 약한 경향이 있다.

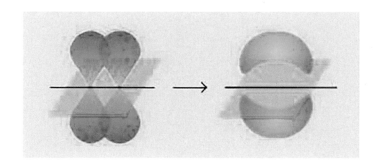

하이브리드 오비탈이란 무엇인가?

전자쌍반발(VSEPR) 이론은 분자들의 모양을 설명하는 데는 잘 맞지만, 결합의 형태를 설명하는 데는 도움이 되지 않는다. 오비탈의 하이브리드화(hybridization)는 분자의 모양과 분자의 결합에 대한 정보를 제공한다. 이러한 하이브리드화에서는 몇 가지의 원자 오비탈이 섞여, 전체로는 같은 수의 〈하이브리드(hybrid) 오비탈〉을 형성한다.

SP³ 오비탈이란 어떤 것인가?

탄소 원자의 외곽의 전자배치는 $2s^2\ 2p^2$인 것을 기억하자. 그러나 탄소의 2s전자의 하나는 2p오비탈로 변위되어, 한 개의 2s 전자와 3개의 2p 전자를 갖게 되고 메테인에서와 같이 4개의 수소 원자와 결합을 하게 한다. 아마도 그중 한 개의 결합은 다른 세 개의 결합과는 좀 다를 것이라고 의심할 것이다. 그러나 사실은 모든 결합은 동일하다. 이 사실은 오비탈의 하이브리드화로 설명된다.

즉 탄소 원자에서 한 개의 2s 오비탈과 세 개의 3p오비탈이 섞여져 4개의 sp^3 하이브리드 오비탈을 만든다. 이들은 정사면체의 각도, 109.5°를 이루고 있다. 다음 그림에서 보듯이 탄소의 4개의 sp^3오비탈은 4개 수소 원자의 1s오비탈과 겹치게 된다. sp^3오비탈은 s오비탈이나 p오비탈보다 더 멀리 공간으로 확장되어, 수소의 1s오비탈과 더 많이 겹치도록 해준다. 즉 8개의 원자가전자가 분자오비탈을 채워서, 4개의 C-H 시그마결합을 형성한다. 이러한 겹침은 매우 강한 공유결합을 만든다.

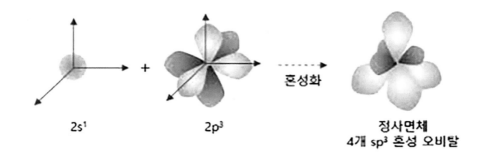

2s¹   2p³   혼성화   정사면체
4개 sp³ 혼성 오비탈

극성 결합은 왜 만들어지는가?

전기음성도의 차이가 크면 극성은 커진다

공유결합은 원자들 사이에 전자를 공유한다는 사실은 같다. 그러나 공유결합은 결합하는 원자들이 어떻게 전자를 공유하는가 하는 관점에서는 다르다고 할 수 있다. 즉 분자들의 특성은 서로 결합하는 원자들의 종류와 수에 따라 달라진다. 이러한 것들이 차후에 분자의 성질을 결정한다.

결합 전자쌍들은 전자를 공유하는 원자들의 핵 사이에서 아래 그림의 줄다리기 싸움과 같이 당겨진다. 결합에서 원자들이 서로 동등하게 당기면(동일한 원자가 결합될 때 생김), 결합 전자들은 동등하게 공유되고, 이러한 결합은 무극성 공유결합이다. 수소 분자(H_2), 산소 분자(O_2) 그리고 질소 분자(N_2)는 무극성 공유결합을 한다. 2원자 할로겐 분자인 염소(Cl_2) 분자도 역시 무극성이다.

〈극성 결합(polar bond)〉라고도 알려진 〈극성 공유결합(polar covalent bond)〉은 전자들이 원자들 사이에서 균등하지 않게 공유된 공유결합이다.
전기음성도가 더 큰 원자는 전자를 더 강하게 끌어당겨서 약한 음전하를 갖게 된다. 전기음성도가 클수록, 원자가 자신에게로 전자를 끌어당기는 능력이 크다.

전기음성도는 앞에서 설명한 바와 같이 분자에서 전자쌍을 끌어당기는 능력을 상대적 수치로 나타낸 것이다. 즉 불소(F)의 전기음성도를 4.0으로 정하고,

다른 원소들은 이에 대한 상대적 수치로 나타냈다. 또한 이 전기음성도는 주기율표에서 주기성을 나타낸다. 같은 주기에서는 원자번호가 클수록 전기음성도는 커지고, 같은 족에서는 원자번호가 커질수록 작아진다는 것을 상기하자.

극성 공유결합은 어떻게 나타내나?

염화수소(HCl) 분자에서는 수소의 전기음성도는 2.1이고, 염소는 3.0의 전기음성도를 갖고 있다. 이러한 전기음성도 값들은 차이가 크기 때문에, 염화수소의 공유결합은 극성을 갖는다. 보다 높은 전기음성도를 가진 염소 원자는 약한 음전하를 가지게 된다. 수소 원자는 약한 양전하를 갖는다. 그리스 문자 δ는 공유결합에서 원자는 단지 1^+ 또는 1^-보다 작은 부분적인 전하를 얻는 것을 말한다.

이러한 표시에서 음의 부호(-)는 염소가 작은 음전하를 갖는 것을 말한다.
또한 양의 부호(+)는 수소가 작은 양전하를 얻는 것을 말한다. 이러한 부분적 전하는 위의 그림과 같이 전자밀도의 구름으로 표시한다. 또한 결합의 극성은 위 그림과 같이 전기적으로 보다 더 음성인 쪽으로 화살표를 하여 나타내기도 한다.

물에서 O-H 결합도 역시 극성을 띈다. 높은 전기음성도의 산소는 결합전자를 수소로부터 잡아당긴다. 산소는 작은 음전하를 얻게 된다. 수소는 약한 양전하를 띠게 된다.

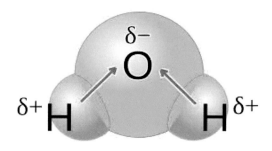

    아래 그림에 나타낸 것처럼 두 원자의 전기음성도 차이는 어떤 결합이 만들어지게 되는지를 말해준다. 이온결합과 공유결합과의 경계는 분명하지 않다. 두 원자 간의 전기음성도 차이가 크면 클수록, 결합의 극성은 커진다. 만일 그 차이가 2.0을 넘으면, 전자들은 한 원자에 의해서 완전히 끌어당겨진다. 이런 경우에는 이온결합이 만들어진다.

전기음성도와 이온결합 특성

아래 그림에 극성의 크기가 커짐에 따라 무극성 공유결합에서 극성 공유결합이 만들어진 후에, 극단적으로는 이온을 주고받는 이온결합까지 이르는 예가 나타나 있다. 즉, 많은 화합물에서 결합은 공유결합화 이온결합의 성격이 공존한다. 즉 전기음성도 차이가 가장 큰 3.3을 나타내는 FrF는 이온결합을 한다. 그러나 전형적인 이온화합물인 CaBr은 전기음성도 차이가 1.7이고, CaBr은 50%의 공유결합 특성을 나타낸다. 즉 전기음성도 차이가 1.7 이상이면 이온결합의 특성이 더 우세하다고 할 수 있다.

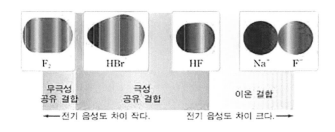

쌍극자가 극성 공유결합에 미치는 영향은 어떤가?

어떤 분자에 극성 결합이 존재하면, 대부분 전체 분자가 극성을 갖는 것이 보통이다. 〈극성분자〉에서는 분자의 한쪽 끝이 약하게 음전하를 띠고, 다른 쪽 끝은 양전하를 띤다. 예를 들어 염화수소 분자에서 수소원자와 염소 원자에 있는 부분적인 전하는 전기적으로 대전된 영역 또는 폴(pole)이다. 두 개의 폴을 가진 분자를 〈쌍극자(dipole)〉라고 한다.

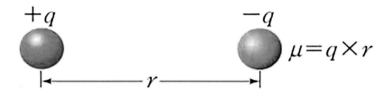

염화수소 분자는 쌍극자이다. 아래 그림과 같이 극성분자가 반대로 대전된 판 사이에 놓이면, 그것들은 양극판이나 음극판에 대해서 방향을 튼다.

전체 분자의 극성에 미치는 극성결합의 영향은 분자의 모양이나 극성결합의 방향성에 달렸다. 예를 들어 이산화탄소는 두 개의 극성결합을 갖고 있으며, 직선적이다.

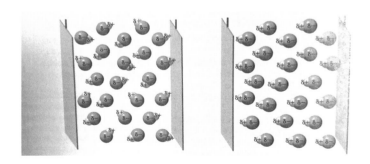

탄소와 산소는 같은 축상에 있고, 경합의 극성은 반대 방향이기 때문에 서로 상쇄된다. 그래

서 이산화탄소는 두 개의 극성결합을 갖고 있음에도 불구하고 무극성 분자이다. 물 분자도 두 개의 극성 결합을 갖고 있다. 그러나 물 분자는 직선적이지 않고, 꺾어져 있다. 따라서 결합의 극성은 상쇄되지 않고, 물 분자는 극성을 띄게 된다.

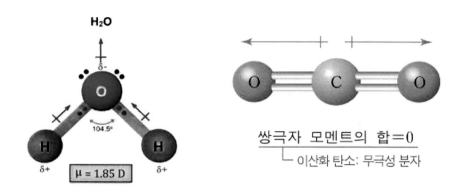

분자 간의 인력은 왜 생기나?

분자들은 여러 가지 다른 힘에 의해서 서로 당겨진다. 분자 간 인력은 이온결합이나 공유결합보다 작다. 그러나 이러한 힘을 과소평가해서는 안 된다. 왜냐하면 분자 간의 인력은 어떤 분자 화합물이 주어진 온도에서 기체, 액체 또는 고체로 있을 지를 결정하는 역할을 하기 때문이다.

반데르발스 힘은 어떻게 만들어지나?

분자들 사이의 두 가지의 가장 작은 인력은 모두 네델란드의 화학자 반데르발스(van der Waals, 1837-1923)의 이름을 따서 〈반데르발스 힘〉이라고 부른다. 즉 반데르발스 힘에는 쌍극자 작용력(dipole interaction)과 분산력(dispersion forces) 두 가지가 있다.

〈쌍극자 작용력〉은 한 극성분자가 다른 극성분자에 당겨졌을 때 생긴다. 이러한 전기적 인력은 아래 그림 왼쪽에서와 같이 극성분자에서 서로 반대로 대전된 영역에서 생긴다. 극성분자의 미소한 음전하 영역은 다른 극성분자의 미소한 양전하 영역으로 약하게 끌린다. 쌍극자 작용력은 이온결합과 유사하지만 훨씬 약하다.

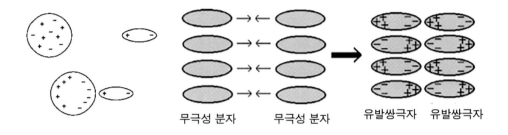

무극성 분자   무극성 분자   유발쌍극자   유발쌍극자

〈분산력(dispersion forces)〉은 분자 간에 작용하는 가장 작은 힘으로서, 전자들의 움직임 때문에 생긴다. 그것은 비극성 분자들 사이에서도 생긴다. 위 그림의 오른쪽에서 보는 바와 같이 움직이던 전자들이 일시적으로 옆의 분자에 가장 가까운 쪽에 더 많이 있게 되면, 그들의 전기적 힘이 옆 분자의 전자들에 영향을 주어 일시적으로 반대쪽에 더 많이 있게 한다. 이러한 전자들의 이동은 그 힘은 훨씬 약하지만, 영구적인 극성분자들 사이의 힘과 비슷한 두 분자 사이의 인력을 유발한다.

분산력의 강도는 대체로 분자 안에 전자의 수가 많아질수록 커진다. 에를 들어 할로겐 이원자 분자들은 주로 이 분산력에 의해서 서로 당기고 있다. 불소와 염소는 비교적 적은 수의 전자를 갖고 있기 때문에, 그 분산력이 매우 작은 이유로 보통의 실내 온도 및 압력에서 기체 상태로 있게 된다. 브롬(Br) 분자에는 많은 전자가 있기 때문에 큰 분산력을 만든다. 그래서 브롬 분자는 서로를 강하게 끌어당겨 상온, 상압에서 액체로 존재하게 된다. 요소(I)는 보다 더 많은 전자를 갖고 있어서, 보통의 상온, 상압에서 고체를 이루고 있다.

수소 결합이란 무엇인가?

물에서 쌍극자의 작용은 물 분자 간의 인력을 만든다. 물 분자에서 각각의 H-O 결합은 극성이 크고, 산소는 전기음성도가 더 크기 때문에 미소하게 음전하를 얻게 된다. 물 분자에서 수소는 미소한 양전하를 얻는다. 따라서 아래 그림 왼쪽에 나타낸 것과 같이, 한 개의 물 분자의 양전하 영역은 다른 분자의 음전하 영역을 끌어당긴다. 이러한 물 분자의 수소와 다른 물 분자의 산소 사이의 인력은 다른 쌍극자 작용력에 비해서 강하다. 물 이외에 수소를 포함하는 분자에서 발견되는 비교적 강한 이러한 인력은 〈수소결합〉이라고 부른다. 아래 그림(왼쪽)은 물에서의 수소결합을 보여주고 있다.

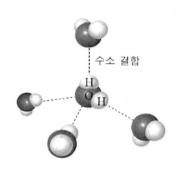

수소 결합

H O H

　〈수소결합(hydrogen bonds)〉은 전기음성도가 매우 큰 원자에 공유결합된 수소가, 다른 전기적으로 음성인 원자의 비공유전자쌍에 약하게 결합된 인력이다. 이 다른 원자는 같은 분자 내에 있을 수도 있고, 다른 가까운 주변의 분자에도 있을 수 있다. 수소결합은 항상 수소가 관여하게 된다

　수소결합이 만들어지기 위해서는 수소가 산소, 질소 또는 불소와 같이 전기음성도가 높은 원소와 이미 공유결합을 하고 있어야 한다는 사실을 기억하자. 이러한 강한 극성결합과 수소 원자에서 나타나는 차폐효과의 부재가 합쳐져서 수소결합의 상대적 강도를 결정한다. 수소결합은 평균 공유결합 강도의 약 5%의 강도를 가지며,

분자 간의 결합력 중에서는 제일 강하다.

그리고 이 수소결합은 물과 단백질과 같은 생물학적 분자들의 성질을 결정하는 데 아주 중요하다. 위 그림은 물 분자 간의 상대적으로 강한 인력이 소금쟁이를 어떻게 물표면 위에 앉을 수 있게 하는지를 보여준다.

분자 간의 인력이 분자의 성질에 미치는 영향

상온에서 어떤 화합물은 기체이고, 다른 것들은 액체 또는 고체로 존재한다. 화합물의 물리적 성질은 그 결합 형태에 따라 달라진다. 특히 그 결합이 이온결합인지 또는 공유결합인지에 달렸다. 공유결합 화합물에서는 물리적 성질이 매우 다양하다. 이러한 공유결합 화합물들의 다양한 물리적 성질은 주로 분자 간 인력의 변화가 심하기 때문이다.

분자들로 구성된 대부분의 화합물은 이온결합으로 된 화합물에 비해서 융점과 비점이 낮다. 분자들로 구성된 대부분의 고체에서는, 단지 분자간의 인력만 끊으면 되기 때문이다. 그러나 분자들로 구성된 몇몇의 고체는 온도가 1000℃ 이상이 되어도 녹지 않거나, 그냥 분해하는 것도 있다. 이러한 매우 안정적인 물질은 〈넷웍 고체(network solid)〉이며, 모든 원자는 서로 공유결합으로 되어 있다. 넷웍 고체를 녹이려면 고체 전체에 걸쳐 있는 모든 공유결합을 끊어야하기 때문이다.

다이아몬드는 넷웍 고체의 한 예이다. 아래 그림(왼쪽)에 보인 것처럼 각각의 탄소 원자는 다른 4개의 탄소 원자와 공유결합을 한다. 다이아몬드를 자르려면 이러한 결합을 무수히 부숴야 한다. 다이아몬드는 3500℃ 이상까지 녹지 않고, 오히려 기체로 되어버린다.

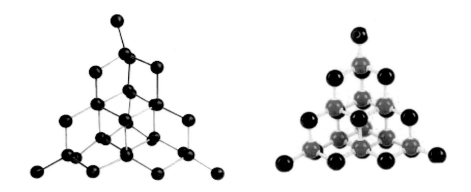

실리콘 카바이드(SiC)는 융점이 2700℃인 넷웍 고체이다. 실리콘 카바이드는 단단해서 연마석이나 연마제로 쓰이고, 고온에 쓰이는 재료의 코팅제로도 쓰인다. 실리콘 카바이드의 분자구조는 다이아몬드와 비슷하다. 이러한 다이아몬드, 실리콘 카바이드 그리고 다른 넷웍 고체의 시편을 하나의 분자로 생각해도 된다. 위 그림(오른쪽)에 그 구조가 나타나 있다.

1. 분자 오비탈과 원자 오비탈의 차이는 무엇인가?

2. 결합 오비탈이란 무엇을 말하는가?

3. 이원자 분자에서 시그마 결합을 설명하라.

4. F_2를 예로 하여 파이 결합을 설명하라.

5. sp^3 하이브리드 오비탈이란 무엇인가? 그리고 sp^3 오비탈에서 전자의 변위를 설명하라.

6. 극성결합은 언제 이루어지는지 설명하라.

7. 극성결합은 어느 경우에 만들어지는지 설명하라.

8. HCl을 예로 하여 극성결합을 설명하고, 이때 원자 간 극성을 나타내 보라.

9. 원자 간 전기음성도의 차이에 따른 공유결합의 차이를 설명하라.

10. 쌍극자는 왜 만들어지는지 설명하라.

11. 쌍극자는 공유결합에 어떤 영향을 주는지 말하라.

12. 극성결합을 하는 분자를 어떻게 알 수 있는지 실험 방법을 설명하라.

13. 분자 간 인력이란 무엇인지 말하고, 어떤 종류가 있는지 간단히 설명하라.

III-6 분자의 구조와 성질

루이스 전자점식과 루이스 구조식

〈루이스 전자점식〉은 이 장의 앞에서 설명한 대로 공유결합을 보다 알아보기 쉽게 설명하려고, 각 원소의 원자가전자만을 원소기호 주위에 점으로 나타내는 방법이다. 이 방법을 이용하면 원자가 공유결합을 할 때 그 결합에 참여한 원자가전자와 결합에 참여하지 않은 원자가전자를 명확히 알 수 있으며, 그 숫자도 명확히 나타난다. 이때 결합에 참여하지 않은 전자를 〈비공유전자쌍〉이라고 한다. 즉 H_2의 공유결합에서는 아래 그림과 같이 수소 원자의 2개의 홀전자가 모두 공유되어 결합하였음으로 비공유전자쌍은 없다. 그러나 HCl의 경우에는 Cl 원자의 8개 원자가전자 중에서 6개만이 결합에 참가하였음으로 2개의 원자가전자가 비공유전자쌍으로 있게 된다.

여기서 좀 더 간편하게 표기하기 위하여 1개의 전자쌍을 결합선(—)으로 나타내는 방법이 고안되었으며, 이것을 〈루이스 구조식〉이라 한다.

$$NH_3 \qquad H_2O \qquad CH_4$$

$$H\!:\!\overset{\cdot\cdot}{\underset{H}{N}}\!:\!H \qquad\quad H\!:\!\overset{\cdot\cdot}{\underset{\cdot\cdot}{O}}\!:\!H \qquad\quad H\!:\!\overset{\overset{\textstyle H}{\cdot}}{\underset{\underset{\textstyle H}{\cdot}}{C}}\!:\!H$$

$$H\!-\!\overset{\cdot\cdot}{\underset{\underset{\textstyle H}{|}}{N}}\!-\!H \qquad H\!-\!\overset{\cdot\cdot}{\underset{\cdot\cdot}{O}}\!-\!H \qquad H\!-\!\overset{\overset{\textstyle H}{|}}{\underset{\underset{\textstyle H}{|}}{C}}\!-\!H$$

루이스 구조식

예제 1

O와 H의 결합하여 수산화이온(OH⁻)을 만드는 경우, 아래 그림과 같이 루이스 구조식을 그려보면, 옥텟 규칙을 만족하고, 1개의 전자가 남기 때문에 OH⁻ 이온이 만들어지는 것을 쉽게 알 수 있다.

$$\left[H\!-\!\overset{\cdot\cdot}{\underset{\cdot\cdot}{O}}\!:\right]^{-}$$

결합수와 결합력은 비례한다

어떤 때는 원자는 전자 한 쌍 이상을 공유하여 결합한다. 어떤 원자가 두 쌍 또는 3쌍의 전자들을 공유하여 불활성기체의 전자구조를 가질 수 있으면, 그들은 이중 공유결합 또는 삼중 공유결합을 한다. '이중 공유결합'은 2개의 전자쌍을 공유하는 결합이다. 마찬가지로 3개의 전자쌍을 공유해서 만들어지는 결합은 '삼중 공유결합'이다.

이산화탄소(CO_2) 분자는 2개의 산소 원자를 가지고 있으며, 아래 그림에 나타낸 것과 같이 각 산소는 탄소와 2개의 전자를 공유하여 전부 2개의 탄소-산소 이중결합을 만든다. 여기서 이산화탄소 분자 2개의 이중결합은 동일하다.

위 그림에서 보는 바와 같이 삼중결합을 가진 분자의 한 예는 질소(N_2)다. 1개의 질소 원자는 5개의 원자가전자를 갖고 있다. 질소 분자를 만들려면 각각의 질소 원자는 네온의 전자배치를 갖기 위하여 3개의 전자를 공유해야만 한다. 따라서 질소 분자는 3중 공유결합을 하게 된다. 그리고 각 질소 분자는 위 그림과 같이 1개의 비공유전자쌍과 3개의 공유전자쌍을 갖게 된다.

이와 같이 공유결합을 할 때 해당 원자들의 원자가전자 수에 따라서 단일 결합, 이중결합 또는 3중 결합을 하게 되며, 이 결합의 수는 그 결합의 길이와 결합력에 영향을 미친다. 즉 결합수가 많아질수록 결합의 길이는 짧아지며, 결합력은 커진다. 이는 두 물체를 한 개의 밧줄로 묶을 때보다 두 개의 밧줄로 묶을 때 더 강하게 묶을 수 있는 이치와 같다. 마찬가지로 밧줄의 길이가 짧을 때 더 강하게 묶을 수 있는 이치도 같다. 그리고 공유결합을 하는 원자는 스프링과 같이 진동하게 된다. 이 진동수는 에너지를 나타내고, 단일 공유결합보다는 이중, 삼중결합이 진동수가 더 크기 때문에 결합 에너지도 크다.

비공유전자쌍이란 무엇인가?

〈비공유전자쌍〉은 비결합전자 또는 고립전자쌍이라고도 불리며, 비금속과 비금속 원자 사이에 공유결합이 이루어질 때 결합에 참여하지 않는 전자를 말한다. 원자의 가장 바깥쪽 즉 원자가전자 껍질에 존재하며, 전자들 사이에 반발력이 커서 주위의 공유전자쌍을 밀어낸다. 이것이 전자쌍반발 이론의 기본 원리이다. 그러나 전이금속의 비공유전자쌍은 분자 구조에 영향을 주지 않는다.

다음 그림과 같이 비공유전자쌍은 높은 전하 밀도를 갖고 있으며, 공유전자쌍보다 원자핵에 더 가까이 붙어 있다.

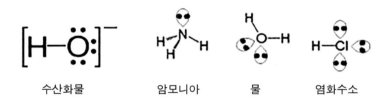

| 수산화물 | 암모니아 | 물 | 염화수소 |

비결합전자(Lone Pair, 고립전자쌍)

또한 비공유전자쌍은 분자의 쌍극자 모멘트에 기여하지만, 전기음성도가 쌍극자 모멘트에 더 큰 영향을 미친다. 아래 그림에 NH_3와 NF_3의 비공유전자쌍이 쌍극자 모멘트에 기여하는 예가 나타나 있다.

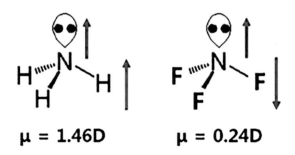

μ = 1.46D   μ = 0.24D

전자쌍반발 이론은 무엇에 근거하는가?

비공유전자쌍의 전자가 차지하는 영역은 공유전자쌍의 영역보다 넓다. 즉 원자가전자 껍질에서 비공유전자쌍은 반발력을 줄이려고, 서로 멀리 떨어지기 위하여 보다 넓은 영역을 차지하게 된다. 이것이 다른 주위의 전자를 밀어내어 분자 모양과 결합각도에 영향을 미친다. 또한 중앙에 위치하는 원자의 원자가전자 껍질에서 공유전자쌍의 영역은 전기음성도가 커질수록 작아지며, 단일 또는 2중 결합보다 3중 결합에서 가장 커진다.

전자쌍 반발이론에 의한 분자의 모양과 결합각을 예측할 수 있다

사진이나 그림은 여러분의 모습을 잘 보여주지 못한다. 마찬가지로 전자-점 구조도 다음 그림에 나타낸 것과 같이 분자들의 삼차원적인 모양을 나타내지는 못한다. 예를 들어 메탄(CH_4)의 전자-점 구조나 구조식은 그 분자가 평탄하거나 단순히 이차원적인 것으로 나타낸다.

아래 그림과 같이 BeF_2는 직선형 구조를 가진다. 즉 BeF_2의 루이스 전자점식을 보면, 중앙에 위치한 Be원자는 옥텟 규칙을 만족시키지 못하며, 공유전자쌍이 2개이므로 직선형을 만들게 된다.

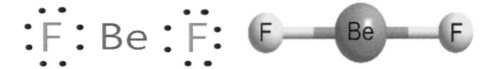

반면에 BCl_3의 루이스 전자점식을 써보면, 이 분자도 중앙에 위치한 B는 옥텟 규칙을 따르지 못하고, 공유전자쌍이 3개이므로, 아래 그림과 같이 평면삼각형의 구조를 갖게 된다.

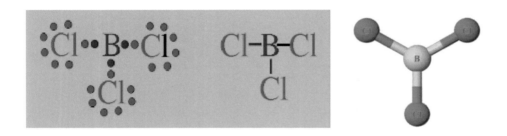

다음 그림에서 보는 바와 같이 메테인에서 수소는 정규 정사면체라고 부르는 기하학적 입체의 4개의 꼭짓점에 위치하고 있다. 이러한 배열에서는 H-C-H의 모든 각은 109.5° 즉 '정사면체 각도'다. 과학자들은 분자들의 삼차원적인 모양을 설명하기 위하여 전자쌍 반발이론(Valence-Shell Electron Pair Repulsion theory, VSEPR)을 이용한다.

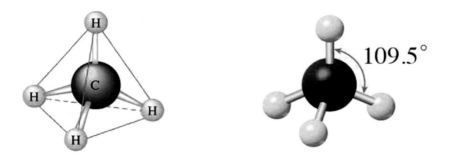

〈VSEPR 이론〉은 전자쌍 간의 반발력이 되도록 원자가전자쌍을 서로 멀리 떨어지게 하려는 모양을 만든다고 말한다. 메테인 분자는 4개의 원자가결합전자를 가지고 있으며, 비공유전자는 없다. 가운데 있는 탄소와 그에 결합되어 있는 수소와의 각도가 109.5°일 때, 그 결합쌍이 가장 멀리 떨어지게 된다. 이러한 H-C-H 결합각도는 실험적으로 측정된 것이다.

비공유전자들도 분자들의 모양을 결정하는 데 중요하다. 암모니아(NH_3)에서 질소는 4쌍의 원자가전자들로 둘러싸여 있다. 따라서 H-N-H의 결합각도는 109.5°가 될 것으로 예측할 수 있다. 그러나 아래 그림에 나타낸 것처럼 한 개의 원자가전자쌍은 비공유전자쌍이다. 이러한 비공유전자쌍은 어떤 결합원자와도 경쟁하지 않는다. 따라서 그들은 다른 결합전자쌍들 보다 질소에 더 가깝게 있게 된다. 이러한 비공유쌍은 결합쌍과 강하게 반발하여 결합쌍들을 함께 밀어낸다. 그래서 N-H-H의 결합각도는 단지 107°이다.

 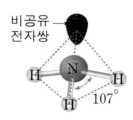

물의 분자에서는 산소가 두 개의 수소와 공유결합을 하여 단일 공유결합을 만든다. 두 개의 결합전자쌍과 두 개의 비결합전자쌍은 중앙의 산소 주위에 위치하여 정사면체를 만든다. 그래서 물 분자는 평면이지만 꺾어져 있다. 두 개의 비결합전자쌍은 결합쌍과 반발하기 때문에, H-O-H 결합각도는 메테인의 H-C-H 결합각도보다는 압축되어 있다. 아래 그림에 나타낸 것처럼 실험으로 측정된 물의 결합각도는 105°이다.

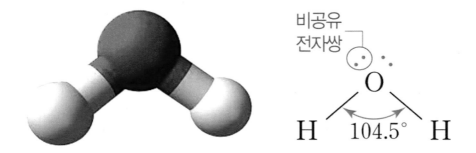

비공유
전자쌍

O

H   104.5°   H

　　반면에 이산화탄소 분자에서는 탄소는 비결합 전자쌍이 없다. 따라서 다음
그림에 나타낸 것처럼 탄소와 산소를 결속하는 이중결합은 더욱 멀리 떨어지
게 되며 O = C = O의 결합각도는 180°가 된다.

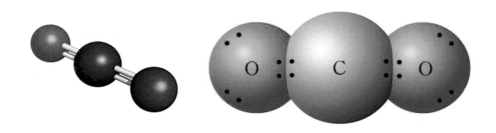

분자 구조와 물리적 화학적 성질과의 관계

결합의 구조와 극성은 그 분자의 성질에 큰 영향을 미친다. 분자량이 비슷하면
그 분자의 극성은 물리적 성질에 영향을 준다. 즉 무극성인 CH_4와 극성을 가진
NH_3의 녹는점을 비교하면 극성을 가진 NH_3의 녹는점이 2배 이상 높다. 마찬
가지로 무극성인 O_2와 극성인 H_2S의 녹는점을 비교해보아도 확인할 수 있다.
그 이유는 극을 가진 분자에서는 $+ \delta$와 $- \delta$ 사이에 인력 존재하여, 그것을 분리시키려면 더 큰
에너지가 필요하기 때문에 녹는점이 높게 된다.

그리고 극성은 용해도에도 영향을 미친다. 즉 극성을 가진 용질은 극성을 띤 용매에 더 잘 녹고, 무극성의 용질은 무극성 용매에 더 잘 녹는다.

예를 들어 극성의 설탕은 극성의 물에 잘 녹고, 무극성의 용질은 무극성의 용매에 더 잘 녹는다. 그 이유는 극성을 띤 설탕 분자의 $+\delta$ 부분이 용매 분자, H_2O의 $-\delta$인 부분인 O에 둘러싸이고, $-\delta$ 부분은 물의 $+\delta$ 부분인 H에 둘러싸여 용해를 돕기 때문인 것으로 알려져 있다.

예제 2

NH_4^+, NH_3, BF_3 분자의 루이스 점자식이 아래와 같이 있다.

1. 결합각도가 가장 큰 것은 어느 것인가?
2. 각 분자의 구조 중에서 평면 삼각형인 것은 어느 것인가?
3. 쌍극자 모멘트가 0인 것은 어느 것인가?

〈해설 1〉
이 문제에서는 먼저 공유전자쌍의 수를 가지고, 분자의 모양을 예측해야 한다. 즉 NH_4는 4개의 공유전자쌍을 가졌으므로 정사면체일 것이고, NH_3는 3개의 공유전자쌍과 1개의 비공유전자쌍을 가졌으므로 삼각뿔(1개의 비공유전자쌍이 공유전자쌍으로부터 멀어지려고 하기 때문에 뿔 형태가 된다)일 것이다. BF_3는 비공유전자쌍이 없이, 3개의 공유전자쌍을 가지므로, 균등하게 거리를 갖아야하므로 평면 삼각형의 구조가 된다. 따라서 BF_3의 결합각이 $120°$로서 제일 크다.

〈해설 2〉
BF_3만이 평면 삼각형 구조이다.

〈해설 3〉
NH_4^+는 대칭 구조이므로 쌍극자 모멘트가 0이다.

1. 루이스 전자점식은 어떤 것인지 PH_3를 예로 하여 설명하라.

2. 루이스 구조식이란 어떤 것인지 PH_3를 예로 하여 설명하라.

3. CH_3Cl, CS_2, SiF_4의 루이스 구조식을 써보아라.

4. NO_3^-, CO_3^{2-}, PO_3^{3-}, SO_3^{2-}의 전자점식을 써보아라.

5. 결합수란 무엇인지 설명하라.

6. 결합수는 결합력에 어떻게 영향을 주나 말하라.

7. 전자쌍 반발이론이 무엇인가 말하고, 이는 무엇에, 어떻게 영향을 주나 설명하라.

8. 전자쌍 반발이론에서 비공유전자쌍은 왜 중요한가 설명하라.

9. 분자구조가 분자의 물리적 화학적 성질에 영향을 주는 예를 설명하라.

10. CO_2, H_2O, NH_3, CH_4의 분자 구조를 그리고 그 이름을 말해보라.

1. SBr_2, PBr_3와 CBr_4의 결합각의 크기는 왜 다른가?

   ㉠ 중앙의 원자와 브롬 원자 사이의 극성이 다르기 때문에

   ㉡ 중앙 원자의 크기가 다르기 때문에

   ㉢ 홀 전자수가 다르게 때문에

   ㉣ 결합력과 결합길이가 다르기 때문에

2. $C \equiv C$와 $C \equiv C$ 결합을 비교해서 틀린 것은 무엇인가?

   ㉠ 삼중결합은 이중결합보다 짧다.

   ㉡ 이중결합은 삼중결합보다 더 낮은 주파수로 진동한다.

   ㉢ 이중결합의 에너지가 삼중결합의 에너지보다 크다.

   ㉣ 이중결합은 공유전자쌍이 삼중결합보다 적다.

3. PF_3는 쌍극자 모멘트를 가지는데, BF_3에는 쌍극자 모멘트가 없는가?

   ㉠ BF_3 구조가 직선이기 때문에

   ㉡ P의 원자반경이 B의 원자반경보다 크기 때문에

   ㉢ BF_3 구조가 평면 삼각형이므로

   ㉣ PF_3는 대칭 구조를 갖는 데 반하여, BF_3는 대칭구조를 갖지 않기 때문에

4. 다음 중에서 비공유전자쌍이 없는 것은 어느 것인가?

   ㉠ H_2O ㉡ HCl

   ㉢ NH_3 ㉣ CH_4

5. 다음에서 공유결합의 세기에 가장 영향을 적게 주는 것은 무엇인가?

   ㉠ 결합 각도   ㉡ 결합 수

   ㉢ 결합 길이   ㉣ 결합의 진동 주파수

정답

1. ㉠ 2. ㉡ 3. ㉢ 4. ㉢ 5. ㉠

제4장

4 여러 가지
화학반응

동적 평형

가역반응과 평형상태

가역반응과 비가역반응이란 무엇인가?

지금까지 보아 왔던 화학식을 기준으로 하면, 화학반응은 항상 한 방향으로 일어나는 것으로 생각할 것이다. 그러나 이러한 생각은 사실이 아니다. 어떤 반응은 가역적이다. 〈가역반응(reversible reaction)〉이란 반응물이 생성물로 변환되고, 생성물이 반응물이 변환되는 것이 동시에 일어나는 반응이다. 여기에 가역반응의 한 예가 있다.

$$\text{정반응: } 2SO_2(g) + O_2(g) \longrightarrow 2SO_3(g)$$
$$\text{역반응: } 2SO_2(g) + O_2(g) \longrightarrow 2SO_3(g)$$

왼쪽에서 오른쪽으로 읽는 첫 번째 반응에서는 이산화황(SO_2)과 산소가 삼산화황(SO_3)을 만든다. 오른쪽에서 왼쪽으로 읽는 두 번째 반응에서는 삼산화황은 산소와 이산화황으로 분해된다. 첫 번째 반응을 〈정반응〉이라고 부르고, 두 번째 반응은 〈역반응〉이라 부른다. 이러한 두 개의 식을 한데 묶어 이중화살표로 표기한다. 이 이중화살표는 그 반응이 가역반응이라는 것을 말해준다.

$$2SO_2 + O_2 \rightleftharpoons 2SO_3$$

아래 그림은 분자 기준으로 무슨 일이 일어나는지를 보여주는 모델이다.

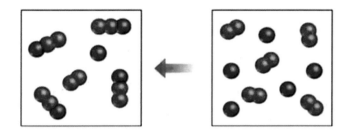

이와 같은 가역반응 중에서 상변화에서 일어나는 현상, 즉 물이 증발하여 수증기가 되고 다시 수증기가 응축하여 물이 되는 현상은 항상 가역적으로 일어난다. (아래 그림의 왼쪽) 또한 용액에 어떤 물질이 용해될 때도 같은 현상이 일어난다. 즉 일정한 양의 용질이 녹아 포화용액이 된 후에 용질을 더 넣으면 용해와 석출이 가역적으로 일어나면서 석출물 위에는 포화용액을 유지하게 된다. (이래 그림의 오른쪽)

그러나 이와는 반대로 어떤 반응이나 현상이 한쪽 방향으로만 일어나는 경우도 있으며 이를 〈비가역 반응〉이라고 한다. 예를 들어 아래 반응식과 같이 메테인과 산소를 반

응시키면 이산화탄소와 물이 만들어지지만, 거꾸로 물과 이산화탄소를 반응시키킨다 해도 메테인은 생성되지 않는다. 이러한 비가역 반응 중에서 그 생성물이 기체, 액체 그리고 고체인 경우의 예가 각각 아래에 나타나 있다.

- 기체인 경우: $CH_4(g) + 2O_2(g) \longrightarrow CO_2(g) + 2H_2O(l)$
- 액체인 경우: $HCl(aq) + NaOH(aq) \longrightarrow NaCl(aq) + H_2O(l)$
- 고체인 경우: $AgNO_3(aq) + NaCl(aq) \longrightarrow AgCl(s) + NaNO_3(aq)$

다시 말해서 비가역반응은 계란과 밀가루에 열을 가하여 빵을 만들 수는 있지만, 빵을 다시 계란과 밀가루로 돌이킬 수 없는 이치와 같다. 일반적으로 연소반응, 기체가 발생하는 반응, 중화반응, 석출물이 생성되는 화학반응은 비가역반응이다. 즉 이미 생성물이 만들어진 때 열에너지가 생성물의 결합에너지로 쓰어서 시스템의 내부에너지가 너무 낮아졌거나, 엔트로피(S, entropy)의 변화가 너무 커져서 원래의 반응물로 다시 되돌아 갈수 없게 된 것이다. 그러나 액체의 증발과 응축, 수산화물의 분해와 생성, 일부 탄산염의 수용액 등은 가역반응이다.

평형의 의미는 무엇인가?

이산화황과 산소를 밀폐된 용기에 섞으면 실제로 무슨 일이 일어나는가?
정반응이 정해진 속도로 일어난다. 반응 초기에는 삼산화황이 없기 때문에 역반응의 초기속도는 0이다.

그러나 (1) 삼산화황이 생성되면서 삼산화황의 분해가 시작된다. 처음에는 역반응의 속도는 느리다. 이 역반응 속도는 삼산화황의 농도가 증가하면서 증가한다. 동시에 (2) 이산화황과 산소가 소모되기 때문에, 정반응의 속도는 감소한다. 결국에는 삼산화황은 이산화황과 산소가 결합하는 속도와 같은 속도로 분해된다. 다시 말해서 정반응의 속도와 역반응의 속도가 같아지면, 이 반응은 균형을 이루게 되고 이것을 〈화학평형(chemical equilibrium)〉이라 부른다.

$$SO_2(g) + O_2(g) \longrightarrow SO_3(g)$$

아래 그림의 그래프를 보자. 왼쪽의 그래프를 보면 반응의 진행은 생성물 (SO_3)와 반응물(O_2)의 초기농도에서 시작하지만, SO_3 초기농도는 0이다. 오른쪽 그래프를 보면 반응의 진행은 SO_3 초기농도에서 시작하고, SO_2와 O_2의 초기농도는 0이다. 얼마간 시간이 지나면 평형이 얻어지고, 모든 농도는 일정한 값을 유지한다. 즉 평형 상태에서의 혼합물에 있는 SO_3의 양은 이 반응이 주어진 조건에서 만들 수 있는 최대한의 양이다.

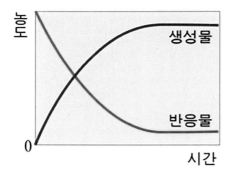
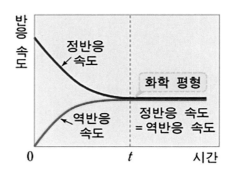

동적 평형(또는 평형)의 조건은 무엇인가?

평형에서 반응 혼합물인 SO_2, O_2와 SO_3의 양이 변치 않는 것만 보면, 두 반응 모두가 정지된 것으로 생각할 수 있다. 그러나 사실은 그렇지 않다. 화학적 평형이 동적으로 일어나는 것이다. 화학평형에서는 정반응과 역반응이 모두 계속 일어나고 있지만, 그 속도가 같기 때문에 반응 성분의 차감변화(net change)에는 변화가 없는 것이며, 반응이 정지된 것처럼 보인다. 아래 그림은 평형이 어떻게 이루어지고 유지되는지를 비

유해서 보여준다. 즉 들어오는 물의 양과 나가는 물의 양이 같은 것이지, 물의
들어옴과 나감이 멈춘 것은 아닌 것과 같은 이치다.

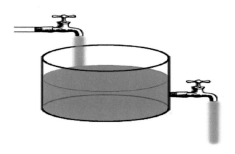

$$2A(g) \rightleftharpoons x \ B(g) + C(g)$$

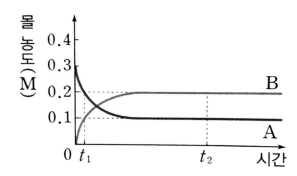

⟨해설 1⟩
이런 문제는 항상 생성물과 반응물의 양을 그래프에서 찾아서, 그 몰비를 계산한 후에, 반응식에서 계수와
비교하면 된다. 즉 여기서는 A는 0.2몰 감소했고, B는 0.2몰 증가하였음으로, 반응물에 대한 생성물의 몰

비는 1이다. 따라서 x / 2 =1이므로 x = 2이다.

〈해설 2〉
그래프 상에서 곡선 부분에서 직선 부분으로 시작되는 시각이다.

〈해설 3〉
C/B몰비는 1/2이고 B가 0.2몰이 생성되었으므로, C = 0.1몰이 생성된다.

1. 화학평형이란 무엇인지 정의하라.

2. 가역 반응과 비가역 반응은 무엇이 어떻게 다른가? 각각 2개의 예를 들어보아라.

3. 반응물 SO_2와 O_2와 반응하여 SO_3 생성물이 만들어질 때, SO_3의 농도를 시간에 따라 플로트해 보라. 또 반응물 SO_2와 O_2의 농도를 시간에 따라 플로트해보라.

4. 화학평형에서 정반응과 역반응은 정지되는가? 아니면 실제로는 두 반응 모두 일어나고 있는 가? 이것을 무엇이라고 하는가? 이것을 그림으로 설명해보라.

5. 가역 반응의 하나인 $CuSO_4 \cdot 5H_2O \longrightarrow CuSO_4(s)$에서 역반응은 무엇인지 말하고, 위 반응 과 같은 가역반응을 증명하는 실험은 어떻게 할 수 있나 구체적으로 말해보라.

6. 밀폐된 용기에 물을 반쯤 채운 뒤에, 이 시스템의 온도를 60℃로 유지하였을 때, 이 용기 안에서 일어나는 현상을 설명하고, 화학식으로 써보아라. 또 이를 무엇이라고 하는가?

7. 순수한 물이 담긴 비커에 소금을 충분히(포화농도 이상으로) 넣고, 시간이 지나면 소금은 가라앉 고 위에는 물이 있게 되는데 이 물 안에는 소금 성분(NaCl)이 존재하겠는가? 이 현상을 무엇이 라고 하는가?

8. 위 실험에서 가라앉은 소금의 양은 변하지 않고, 윗부분의 물은 더 이상 소금이 녹지 않는 것처 럼 보인다.

   (1) 그 이유는 무엇인가?

   (2) 그러나 실제로는 비커 안에서 어떤 일이 일어나고 있나 말해보라.

   (3) 또 이 현상을 무엇이라 말하는가?

   (4) 여기서 (2)를 증명하려면 어떤 실험을 하면 좋을까?

   (5) 또 실험 결과는 어떻게 나오겠는가 말해보라.

9. $AgNO_3$ 수용액과 NaCl 수용액을 비커 안에서 섞으면, AgCl 고체가 석출되고 $NaNO_3$ 수용액이 만들어진다고 한다.

   (1) 이를 화학반응식으로 쓰고,

   (2) 이 반응에서는 Ag 성분이 $NaNO_3$ 수용액 속에서 발견되겠는가?

   (3) 그 이유는 무엇인가?

IV-2 산, 염기와 그리고 염

아레니우스가 정의한 산과 염기

산과 염기는 독특한 성질을 갖고 있다. 아래 그림의 귤을 포함하여 우리가 먹는 많은 음식은 산을 함유하고 있다. 산은 음식에 떫은맛이나 신맛을 준다. 레몬은 신맛을 주는데 그것은 구연산을 함유하고 있기 때문이다.

산의 수용액은 강하거나 약한 〈전해질(electolyte)〉이다. 전해질은 전기를 통하는 물질을 말한다. 자동차 배터리의 전해질은 산이다. 산은 인디케이터(indicator, 지시약)라고 부르는 화학염료의 색을 변하게 한다. 그리고 아연이나 마그네슘 같은 금속은 산의 수용액과 반응하면 수소를 발생시킨다.

아래 그림에서 보는 비누는 염기의 성질을 가진 친수 물질이다. 만일 실수로 비누의 맛을 보았다면, 그 맛이 쓴 것을 알 것이다. 쓴맛은 염기의 일반적인 성질이며, 그것을 시험하는 것은 위험하다. 비누의 미끄러운 성질도 염기의 성질이다. 산과 같이 염기도 지시약의 색을 변화시킨다. 염기는 수용액을 만들며, 그것은 강하거나 또는 약한 전해질이다.

화학자들은 산과 염기의 성질을 오랫동안 알고 있었지만 그들은 이러한 성질을 설명하지는 못했다. 그런데 1887년에 스웨덴의 화학자 아레니우스

(Arrhenius)가 산과 염기에 대해서 정의하고, 생각하는 새로운 방법을 제안하였다. 즉 아레니우스에 의하면 산은 수소를 포함하는 화합물이고, 수용액에서 수소이온(H^+)를 만든다. 그리고 염기는 수용액에서 하이드로옥사이드 이온(hydroxyl ion, hydroixde ion OH^-)을 만드는 화합물이라고 정의하였다.

아레니우스 산에는 어떤 것이 있나?

아래 표는 흔히 볼 수 있는 산의 목록이다. 이 산들은 수소이온을 만들 수 있는 수소를 포함하는 수가 다르다. 수소이온을 만들 수 있는 수소 원자를 〈이온화 가능〉이라고 한다. 질산(HNO_3)은 한 개의 이온화가능 수소를 가지고 있다. 그래서 질산은 1양성자(monoprotic)산으로 분류한다. 두 개의 이온화가능 수소를 가진 황산(H_2SO_4)는 2양성자(diprotic)산이다. 인산(H_3PO_4)과 같이 세 개의 이온화가능 수소를 갖는 산은 3양성자산이라고 부른다.

HCl 염산	→	H^+ 수소 이온	+	Cl^- 염화 이온
CH_3COOH 아세트산	→	H^+ 수소 이온	+	CH_3COO^- 아세트산 이온
H_2SO_4 황산	→	$2H^+$ 수소 이온	+	SO_4^{2-} 황산 이온
HNO_3 질산	→	H^+ 수소 이온	+	NO_3^- 질산 이온

수소를 포함한 화합물이라고 모두 산은 아니다. 또한 어떤 산에서 수소는 수소 이온을 만들지 않는다. 단지 전기음성도가 큰 원소에 결합된 수소만이 이온으로 방출될 수 있다. 그러한 결합은 극성이 크다는 것을 기억하자. 그러한 결합을 가진 화합물이 물에 용해되면 수소이온을 방출한다. 아래 식과 그림(맨 위쪽)에 나타낸 염화수소 분자가 그 예이다.

$$H{-}Cl(g) \longrightarrow H^+ (aq) + Cl^-(aq)$$

그러나 수용액에서는 수소이온은 존재하지 않는다. 대신 아래 그림과 같이 수소이온은 물과 결합하여 하이드로늄 이온(H_3O^+, hydronium)으로 존재한다. 즉 〈하이드론 이온〉은 물 분자가 수소이온을 얻었을 때 만들어지는 이온이다.(가운데 그림)

| HCl | H_2O | H_3O^+ | Cl^- |

$$H^+ + H_2O \longrightarrow H_3O^+$$

물　　　　수소 이온　　　　하이드로늄 이온

염화수소와 대비해서 메테인(CH_4)은 수소를 갖고 있지만 산이 아닌 화합물의 한 예이다. 메테인에는 4개의 수소 원자가 중앙의 탄소에 약한 극성결합인 C-H로 결합되어 있다. 그래서 메테인은 이온화할 수 있는 수소가 없으며, 산이 아니다. 아세트산(acetic acid, CH_3COOH)은 이온화하지 않는 수소와 이온화하는 수소 두 가지 모두를 가진 분자의 한 예다. 그 분자는 비록 4개의 수소를 가졌어도, 아세트산은 1양성자산이다. 구조식을 보면 알 수 있다.

탄소에 결합되어 있는 3개의 수소는 약한 극성결합을 하고 있다. 그들은 이온화하지 않는다. 높은 전기음성도를 가진 산소에 결합되어 있는 한 개의 수소만이 이온화할 수 있다. 따라서 복잡한 산에 대해서는 어떤 수소가 이온화할 수 있는지 그 구조식을 보아야 한다.

아레니우스 염기에는 어떤 것이 있나?

아래 표에는 흔히 보는 염기가 나타나 있다. 수산화나트륨($NaOH$)이 염기인 것은 잘 알 것이다. 수산화나트륨은 이온결합의 고체이다. 이 $NaOH$는 수용액에서 나트륨 이온과 하이드로옥사이드 이온으로 분해된다.

$$NaOH(s) \longrightarrow Na^+(aq) + OH^-(aq)$$

수산화나트륨	$NaOH$	수산화칼륨	KOH
수산화칼슘	$Ca(OH)_2$	암모니아	NH_3
수산화마그네슘	$Mg(OH)_2$	탄산수소나트륨	$NaHCO_3$

수산화나트륨은 매우 강한 부식성을 갖고 있다. 부식성이 강한 물질은 그것에 닿은 재료를 태우거나 녹슬게 한다. 이러한 성질이 막힌 하수구를 뚫은 데 사용하는 제품의 주성분인 이유이다. 아래 그림은 이러한 수산화나트륨을 함유한 하수구 청소용 제품을 보여준다.

수산화칼륨(KOH)는 또 다른 이온결합 고체다. 이것은 수용액 중에서 칼륨 이온과 하이드록사이드 이온으로 분해된다.

$$KOH(s) \longrightarrow K^+(aq) + OH^-(aq)$$

나트륨과 칼륨은 1A족 원소이다. 1A족 원소, 즉 알칼리 금속 원소들은 물과 격렬히 반응한다. 이러한 반응으로 만들어지는 생성물은 하이드로옥사이드 수용액과 수소 기체이다. 다음 식은 나트륨과 물의 반응을 보여 주고 있다.

$$2Na(s) + 2H_2O(l) \longrightarrow NaOH(aq) + H_2(g)$$

수산화나트륨과 수산화칼륨은 물에 잘 녹는다. 따라서 이러한 화합물의 고농도 수용액을 만드는 것은 쉽다. 그 용액들은 일반적으로 쓴맛이 나며, 염기의 미끄러운 느낌을 준다. 그러나 이러한 성질들이 그것이 염기인가를 확인시켜주지는 않는다. 이 용액은 피부에 아주 해롭다. 그들을 곧바로 씻지 않으면, 아프며 잘 낫지 않는 상처를 남긴다.

수산화칼슘, Ca(OH)₂와 수산화마그네슘은, Mg(OH)₂는 2A족 화합물이다. 이러한 화합물들은 물에 잘 용해되지 않는다. 이들의 용액들은 포화상태에서는 항상 묽다. 수산화칼슘 포함용액은 물 100g에 단지 0.165g이 녹는다. 수산화마그네슘은 수산화칼슘 보다 더욱 녹지 않는다. 수산화마그네슘은 물 100g에 0.0009g만이 녹는다. 이 수산화마그네슘의 현탁액은 염기이기 때문에 위산을 중화시키는 제산제로 이용한다.

브뢴스테드-로리(Bronsted-Lowry) 산과 염기

아레니우스의 산과 염기에 대한 정의는 포괄적이지 않다. 즉 이 이론은 어떤 물질이 그 자체로 또는 용액에서 산 또는 염기의 성질을 가졌어도 제외한다. 예를 들어 탄산나트륨(NaCO₃)와 암모니아(NH₃)는 수용액을 만들면 염기처럼 행동한다. 그러나 이 두 화합물은 모두 하이드로옥사이드를 포함하는 화합물이 아니며, 따라서 아레니우스 정의로는 염기로 분류되지 않는다.

1993년에 덴마크의 화학자, 브뢴스테드와 영국 화학자 로리는 독립적으로 연구하고 있었다. 그리고 그들은 산과 염기에 대해서 같은 정의를 제안하였다. 브뢴스테드-로리 이론에 따르면 산은 수소이온을 제공하고, 염기는 수소이온을 받아들이는 것이다. 이 이론은 아레니우스가 정의한 모든 산과 염기를 포함하고, 아레니우스가 염기로 분류하지 않은 몇 가지의 염기도 역시 포함한다.

브뢴스테드-로리 이론을 적용하면 암모니아가 왜 염기인지 이해할 수 있다. 암모니아는 물에 잘 용해된다. 암모니아가 물에 용해되면, 수소이온이 물로부터 이동해서 암모늄이온(NH_4^+)과 하이드로옥사이드이온(OH^-)을 만든다.

$$NH_3(aq) + H_2O(l) \rightleftharpoons NH_4^+(aq) + OH^-(aq)$$

아래 그림은 개개의 물 분자가 어떻게 암모니아에 수소를 제공하는지를 보여준다. 암모니아는 수소이온을 받아들이기 때문에 브뢴스테드-로리 염기이다. 물은 수소이온을 제공하기 때문에 브뢴스테드-로리 산이다.

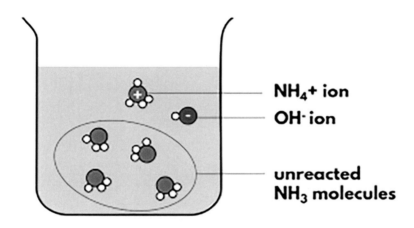

NH₄+ ion

OH⁻ ion

unreacted NH₃ molecules

1. 아레니우스의 산과 염기를 정의하라.

2. 전해질이란 무엇인가?

3. 산과 염기는 왜 전해질인가?

4. H를 포함하는 화합물은 모두 전해질인가?

5. CH_4는 왜 전해질이 아닌가? 구조식을 쓰고 설명하라.

6. CH_4은 왜 산이 아닌가?

7. 2양성자 산이란 무엇인가? 그 예를 들어보라.

8. CH_3COOH는 왜 1양성자 산인가? 구조식을 쓰고 설명하라.

9. Na는 물과 반응하며 어떻게 염기를 만드는가? 화학반응식을 써보라.

10. 수용액에서 H^+ 이온은 왜 존재하지 않는가? 그러면 어떤 상태로 존재하나?

11. $Mg(OH)_2$는 물에 아주 조금밖에 녹지 않는다. 이를 이용한 의약품에는 무엇이 있는가?

12. 암모니아와 암모늄(암모늄 이온)은 어떻게 다른가? 각각 산인가 염기인가를 말하고 화학식을 써보아라.

13. 브뢴스테드-로리의 산과 염기의 정의를 암모니아(NH_3)가 물에 용해되는 것을 예로 하여 설명하라.

14. 탄산나트륨(Na_2CO_3)는 염기인가? 아닌가? 아레니우스와 브뢴스테드의 정의로 각각 설명하라.

15. 아레니우스의 산과 염기에 대한 정의는 브뢴스테드-로리의 정의와의 차이점은 무엇인가? 그리고 NH_3를 예로 하여 설명하라.

16. 산과 염기의 성질을 두 가지씩 말하라.

17. 짝산과 짝염기란 무엇인가?

모든 기체는 온도가 올라가면 물에 잘 용해되지 않는다. 그래서 암모니아 수용액의 온도가 올라가면, 암모니아 가스가 발생한다. 이러한 가스의 방출이 시스템에는 스트레스(stress)로 작용한다. 이 스트레스에 대응하여 NH_4^+는 OH^-와 반응하여 더 많은 NH_3와 H_2O를 만든다. 역반응에서는 암모늄이온은 하이드로옥사이드 이온에 수소를 제공한다.

$$NH_3(aq) + H_2O(l) \rightleftharpoons NH_4^+(aq) + OH^-(aq)$$

위 식에서 정반응의 생성물은 반응물과 구별하여 형용사 "짝"이란 말을 사용하여 구별한다.

$NH_3(aq)$	$+$	$H_2O(l)$	$\rightleftharpoons$	$NH^+(aq)$	$+$	$OH^-(aq)$
염기		산	$\rightleftharpoons$	산		염기
염기		산		짝산		짝염기

〈짝산(conjugate acid)〉은 염기가 수소이온을 얻어 만들어지는 이온 또는 분자이다. 즉, 위 그림과 식의 반응에서 NH_4^+는 NH_3 염기의 짝산이다. 〈짝염기(conjugate base)〉는 산이 수소이온을 잃은 후에 남게 되는 이온 또는 분자이다. 즉, 위 식에서 OH^-는 H_2O 산의 짝염기이다.

$$NH_3(aq) + H_2O(l) \rightleftharpoons NH_4^+(aq) + OH^-(aq)$$

염화수소 수용액은 또 다른 짝산과 짝염기의 예이다.

$$HCl^-(g) + H_2O(l) \rightleftharpoons H_3O^+(aq) + Cl^-(aq)$$

이 반응에서는 염화수소는 수소이온의 제공자이다. 그래서 그것은 정의에 따르면 브렌스테드-로리 산이다. 물은 수소이온을 받아들이므로 브뢴스테드 염기이다. 염소이온은 염산(HCl)의 짝염기이다. 하이드로늄 이온은 염기인 물의 짝산이다.

아래에 황산(H_2SO_4)이 물에 용해되었을 때 일어나는 반응을 나타냈다. 이 반응의 생성물은 하이드로옥사이드(H_3O^+)이온 과황산수소(HSO_4^-)이온이다. 이 식에서 짝산과 짝염기를 확인해보면 H_3O는 염기인 H_2O의 짝산이며, HSO_4^-는 산인 H_2SO_4의 짝염기가 된다.

$$H_2SO_4 + H_2O \rightleftharpoons H_3O^+ + HSO_4^-$$

양쪽성 물질이란 무엇인가?

아래 표를 보면 물은 산의 목록과 염기의 목록 양쪽에 모두 나와 있다. 즉, 물은 어떤 때는 수소이온을 받아들이고, 어떤 때는 수소이온을 내놓는다. 물이 어떻게 행동하느냐는 나머지의 반응물에 달렸다. 이렇게 반응에 따라서 산 또는 염기로 행동하는 물질을 〈양쪽성(amphoteric)〉물질이라고 한다. 물은 양쪽성 물질이다. 염화수소와 반응할 때는 물은 양성자(H^+)를 받아들이므로 염기이다. 그러니 암모니아와 반응할 때는 물은 양성자를 제공하므로 산이다. 아래 표에는 또 다른 두 개의 양쪽성 물질이 있는 것을 확인하자.

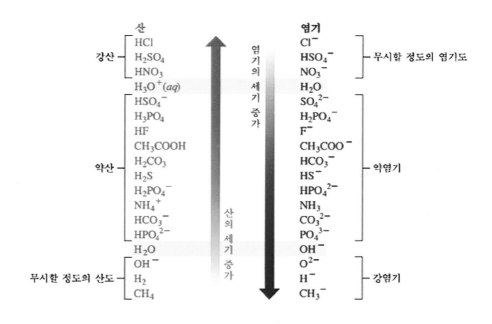

루이스의 산과 염기

루이스(Lewis, 1875-1946)가 결합에 대해 연구한 것이 산과 염기에 대한 새로운 개념을 도입하였다. 루이스에 따르면 산은 전자 한 쌍을 받아들이고, 염기는 전자 한 쌍을 제공한다. 이 이론은 아레니우스나 브뢴스테드-로리 이론보다 더 일반적이다. 〈루이스 산(Lewis acid)〉은 전자 한 쌍을 받아서 공유결합을 하는 원소이다. 비슷하게 〈루이스 염기(Lewis base)〉는 전자 한 쌍을 제공하여 공유결합을 하게 하는 원소이다.

루이스의 정의는 모든 브뢴스테드-로리의 산과 염기를 포함한다. H^+와 OH^-의 반응을 고려해보자. 수소이온은 그 자신을 하이드로옥사이드에 제공한다. 그래서 H^+는 브뢴스테드-로리 산이고, OH^-는 브뢴스테드 염기이다. 즉 아래 그림과 같이 하이드로옥사이드 이온은 비공유전자쌍을 가지고 있기 때문에 수소 이온과 결합할 수 있다. 그래서 OH^-는 루이스 염기이고, H^+는 전자쌍을 받아들이므로 루이스 산이다.

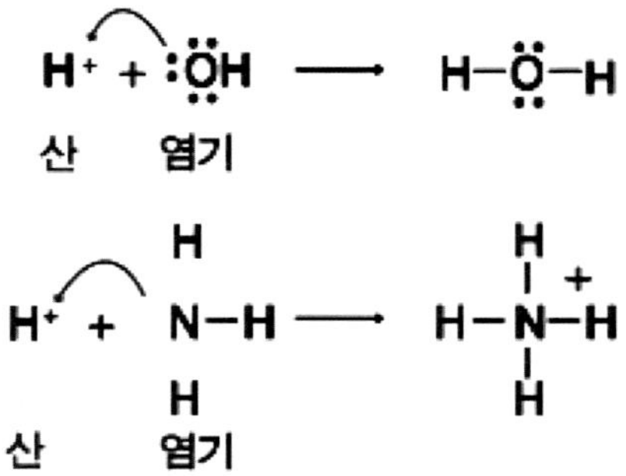

루이스 산과 루이스 염기 반응의 또 다른 예는 암모니아가 물에 용해될 때 일어나는 것이다. 즉 아래 그림과 같이 물의 분해로부터 생긴 수소는 전자쌍을 받아들여서 루이스 산이다. 그리고 암모니아는 전자쌍을 제공하므로 루이스 염기다.

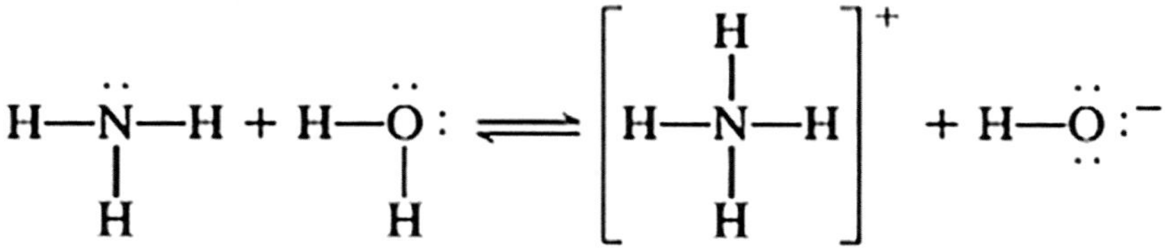

$$NH_3(aq) + H_2O(l) \rightleftharpoons NH_4^+(aq) + OH^-(aq)$$

염기$_1$ 산$_2$ 산$_1$ 염기$_2$

아래 표는 산과 염기의 정의를 비교한 것이다. 루이스의 정의가 제일 포괄적임을 알 수 있다. 즉 브뢴스테드-로리 정의로는 산과 염기로 분류되지 않는 화합물까지도 포함한다.

	아레니우스 정의	브뢴스테드-로리 정의	루이스 정의
산	H^+	H^+ 제공	전자 한 쌍 받음
염기	OH^-	H^+ 받음	전자 한 쌍 제공

1. 짝산이란 무엇인가? NH_3가 물에 용해되는 경우를 예로 하여 설명해보라.

2. 짝염기란 무엇인가? $HCl(g)$가 물에 용해될 때를 예로 하여 설명해보라.

3. 황산(H_2SO_4)이 물에 용해될 때 그 반응식을 쓰고, 짝산과 짝염기는 각각 무엇인지 말하라.

4. 양쪽성 물질이란 무엇인가를 설명하고, H_2O를 예로 하여 H_2O가 산과 염기로 작용하는 것을 설명하라.

5. 물(H_2O)은 왜 양쪽성 물질인지 (1), (2)를 설명하여 밝히고, 각각 물이 어떤 역할을 하는지 말하라.

   (1) 물이 염화수소(HCl)와 반응할 때

   (2) 물이 암모니아(NH_3)와 반응할 때

6. 루이스의 산과 염기는 어떻게 정의하는지 H_2O를 예로 하여 말하라.

7. NH_3가 물에 용해되면 어떻게 염기가 만들어지는지 루이스식을 그려서(이용하여) 설명하라.

수소 이온과 산성도의 관계는 무엇인가?

물은 수소 이온을 얻을 수도, 잃을 수도 있다

물 분자는 상온에서 매우 극성이 강하고, 끊임없이 움직이고 있다. 때때로 물 분자간의 충돌은 에너지가 커서 반응이 일어난다. 이렇게 되면 수소이온은 아래 그림에서 보듯이 한 분자에서 다른 분자로 이동한다. 수소이온을 얻은 물 분자는 하이드로늄 이온(H_3O^+)이 된다. 수소이온을 잃은 물 분자는 수산화(하이드로옥사이드) 이온(OH^-)이 된다. 즉 물은 이렇게 아래 그림과 같이 하이드로늄 이온 이온과 하이드로옥사이드 이온으로 일정량이 존재하게 된다. 이런 현상은 자동적으로 일어나는 것이며 이를 물의 '자동 이온화'라고 한다.

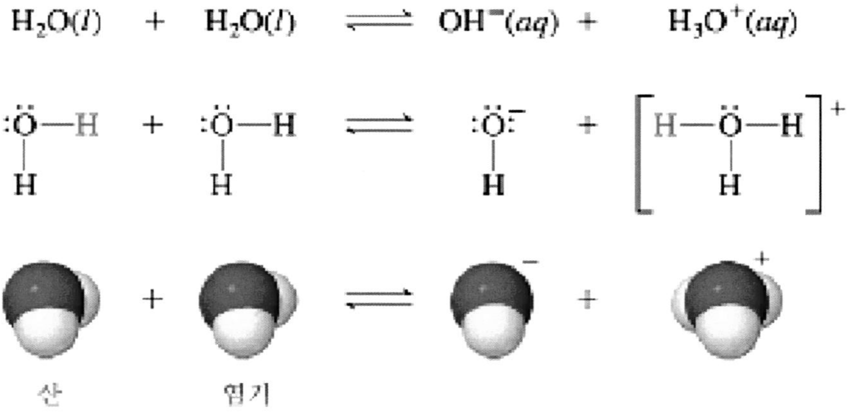

$$H_2O(l) \; + \; H_2O(l) \; \rightleftharpoons \; OH^-(aq) \; + \; H_3O^+(aq)$$

산   염기

물의 자동 이온화의 정도는 얼마나 될까?

물 분자가 이온을 만드는 반응을 〈자동 이온화(self-ionization)〉라고 한다. 이 반응은 간단한 해리로써 아래와 나타낼 수 있다.

$$H_2O(l) \rightleftharpoons H^+(aq) + OH^-(aq)$$

물 또는 수용액에서는 수소이온은 항상 물 분자와 결합하여 하이드로늄 이온으로 존재한다. 그러나 화학자들은 아직도 이러한 이온들을 수소이온 또는 양성자로 간주할 수도 있다. 이 책에서는 H^+ 또는 H_3O^+는 수용액에서 수소이온을 대표하는 데 쓰인다.

물의 자기-이온화는 매우 적은 양이 일어난다. 순수한 물의 상온에서 수소이온의 농도는 단지 $1 \times 10^{-7}M$이다. OH^-의 농도도 순수한 물에서는 H^+ 농도와 같기 때문에 역시 $1 \times 10^{-7}M$이다. 어떤 수용액이든지 H^+와 OH^-가 같으면 중성 용액이다.

물의 이온곱은 얼마인가?

물의 이온화는 가역반응이다. 따라서 르샤틀리에 법칙이 적용된다. 수용액에 수소이온이나 수산화이온을 첨가하는 것은 그 시스템에는 스트레스를 주는 것이다. 이에 대응하여 평형은 물을 만드는 쪽으로 이동하게 된다. 그러면 다른 이온의 농도는 감소한다. 즉, 어떤 수용액에서든지 H^+가 증가하면 OH^-는 감소하고, H^+가 감소하면 OH^-는 증가한다.

$$H^+(aq) + OH^-(aq) \rightleftharpoons H_2O(l)$$

수용액에서는 수소이온의 농도와 수산화이온 농도의 곱은 1.0×10^{-14}이다.

$$H^+ \times OH^- = 1.0 \times 10^{-14}$$

이 식은 상온에서 모든 묽은 수용액에서 진실이다. 물에 어떤 성분을 첨가하면, H^+ 농도와 OH^- 농도는 변할지도 모른다. 그러나 H^+와 OH^-의 곱은 변하지 않는다. 그리고 물에서 수소이온 농도와 하이드로옥사이드 이온 농도의 곱을 〈물의 이온곱(ion-product)〉이라 부르고, K_w로 나타낸다.

$$K_w = [H^+] \times [OH^-] = 1.0 \times 10^{-14}$$

산성 용액의 의미는 무엇인가?

모든 용액이 중성인 것은 아니다. 물에 어떤 성분을 용해시키면, 그것은 수소이온을 방출하기도 한다. 예를 들어 물에 염화수소가 용해되면 염산을 만든다.

$$HCl_{(aq)} \longrightarrow H^+_{(aq)} + Cl^-_{(aq)}$$

염산에서는 수소이온의 농도가 하이드로옥사이드이온의 농도보다 크다.

하이드로옥사이드이온은 물의 자동이온화로부터 생긴다. H^+가 OH^-보다 큰 용액을 산성 용액이라 부른다. 산성용액에서는 H^+는 1×10^{-7}보다 크다. 아래 그림에서 산성용액을 이용한 금속의 골동품화의 예를 보여준다.

염기성 용액의 의미는 무엇인가?

나트륨 하이드로옥사이드(NaOH)가 물에 용해되면, 그 용액에 하이드로옥사이드 이온이 생성된다.

$$NaOH(aq) \longrightarrow Na^+(aq) + OH^-(aq)$$

이러한 용액에서는 수소이온의 농도가 하이드로옥사이드 이온의 농도보다 작게 된다. 수소이온은 물의 자동이온화로부터 생긴다는 것을 기억하자.

염기성 용액은 H^+가 OH^-보다 작은 용액이다. 따라서 염기성 용액의 H^+은 1×10^{-7}보다 작다. 이 염기성 용액은 또한 알칼리 용액으로도 알려져 있다.

예제 1 ———————————————————————————————
어떤 용액의 H^+가 1.0×10^{-6}M이라면, 이 용액은 산성인가 또는 알칼리성인가? 그리고 이 용액의 OH^-는 얼마인가?

---

1. 먼저 어떤 용액의 산성과 알칼리성을 구분하는 기준은 H^+가 1.0×10^{-7}M이다. 즉 H^+가 1.0×10^{-7}M 보다 크면 산성이다. 그러므로 이 용액은 산성이다.

2. 다음으로 물의 이온곱은 Kw = H$^+$ × OH$^-$ = 1.0 × 10^{-14}이므로, 이 식을 이용하면 OH$^-$를 계산할 수 있다. 즉 [OH$^-$] = Kw/[H +] = 1.0 × 10^{-14}/1.0 × 10^{-6} = 1.0 × 10^{-8}M이다.

수소이온 농도지수의 개념

수소이온 농도를 몰로 나타내는 것은 현실적이지 않다. H$^+$를 나타내는 데 더 널리 쓰이는 방법은 1909년에 덴마크의 과학자 쇠렌센(Sorensen)이 제안한 pH 등급이다. pH의 범위는 0부터 14까지다.

수소이온 농도는 pH로 나타낸다

어떤 용액의 pH는 수소이온 농도의 음의 로그(negative logarism)다. 즉, pH는 수학적으로 다음과 같이 나타낸다.

$$pH = - \log[H^+]$$

순수한 물 또는 중성의 용액에서는 H$^+$ = 1 × 10^{-7}M이고, pH는 7이다.

$$
\begin{aligned}
pH &= -\log(1 \times 10^{-7}) \\
&= -(\log 1 + \log 10^{-7}) \\
&= -[0.0 + (-7.0)] \\
&= 7.0
\end{aligned}
$$

만일 어떤 용액의 H$^+$ 농도가 1 × 10^{-7}보다 크면, pH는 7.0보다 작다. 그리고 그 용액의 H$^+$ 농도가 1 × 10^{-7}보다 작다면, pH는 7.0보다 크다.

즉 pH가 7.0보다 작으면 그 용액은 산성이고, pH가 7.0인 용액은 중성이고, pH가 7.0보다 큰 용액은 염기성이다. 아래 그림은 와인이나 혈액과 같은 수용액들의 pH 값과 산성도를 보여준다. 즉 와인은 강산성이며, 혈액은 약알칼리성임을 알 수 있다.

H⁺로부터 pH 계산하기

H$^+$를 수학적인 표기법으로 나타내면 pH를 계산하기 쉽다. 예를 들어 0.0010M을 1.0×10^{-3}으로 다시 쓴다. 그리고 계수 1.0은 두 자리의 유효숫자를 갖는다. 즉, 이러한 농도를 가진 용액의 pH는 3.00이다. 소수점의 오른쪽에 있는 두 개의 수는 농도의 두 자리 유효숫자를 말한다.

계수가 1.0이면 그 용액의 pH를 계산하기는 쉽다. 그 용액의 pH는 지수와 같고, 단지 부호만 음에서 양으로 바꾸면 된다. 예를 들어 $H^+ = 1 \times 10^{-2}$를 가진 용액의 pH는 2.0이다. 계수가 1이 아니면, pH를 계산하기 위해서는 로그(log) 기능이 있는 계산기가 필요하다.

예제 2

수소이온 농도(H^+)가 6.0×10^{-6}M 인 용액의 pH는 얼마인가?

---

1. pH = $-\log[H^+]$이므로, 여기서는 pH = $-\log(6.0 \times 10^{-6})$ = $-[0.778 + (-6)]$ = $-(-5.222)$ = 5.222 이다.
2. 여기서 일반적으로 pH는 유효숫자 2자리로 나타낸다.
3. 따라서 이 용액의 pH는 5.22이다.

pH로부터 H^+ 계산하기

어떤 용액의 pH를 알고 있다면, 그 용액의 수소이온 농도를 계산 할 수 있다. 그리고 만일 pH가 정수라면 H^+값을 알기는 쉽다. 즉, pH가 9.0이면 $H^+ = 1 \times 10^{-9}$M이다. pH가 4.0이라면 H^+는 1×10^{-4}M이다.

그러나 대부분의 pH값은 정수가 아니다. 예를 들어 마그네시아 액은 pH가 10.50이다. 이때는 H^+는 1×10^{-10}M(pH = 10.0)보다는 작고, 1.0×10^{-11}M(pH = 11) 보다는 크다. 수소이온 농도는 3.2×10^{-11}M이다. pH 값이 정수가 아니라면 정확한 수소이온 농도를 얻기 위해서는 역 로그 기능을 가진 계산기가 필요할 것이다.

OH⁻로부터 pH 계산하기

OH⁻를 안다면, pH를 계산할 수 있다. 물의 이온곱은 H^+와 OH^-의 관계를 정의한다는 것을 상기하자. 따라서 물에 대한 이온곱으로부터, OH^-를 알면 H^+를 결정할 수 있다. 그러면 H^+를 이용하여 pH를 계산할 수 있게 된다.

예제 3

어떤 용액의 OH^- 농도가 5×10^{-10}이면 이 용액의 pH는 얼마인가?

1. 우선 pH는 [H^+ 농도를 기준으로 하니까 [OH^-]농도를 용해도곱(K_w)을 이용하여 H^+를 구해야 한다. 여기서는 $H^+ = 1.0 \times 10^{-14}/(5 \times 10^{-10}) = 0.2 \times 10^{-4} = 5 \times 10^{-3}$이 된다.
2. 그러면 이 값에 $-\log$를 취하면 된다. 여기서는 $-\log(5 \times 10^{-3}) = -(0.698 + (-3)) = 2.302$이다.
3. 따라서 pH는 2.30이다.

pH는 어떻게 측정하나?

여러 가지 경우에 pH를 아는 것은 유용하다. 수영장 관리인은 수영장의 산과 염기의 균형을 알맞게 유지할 필요가 있다. 정원사는 정원에서 어떤 식물이 잘 자라는지 알고 싶을 것이다. 의사는 환자의 의학적 상태를 진찰하고자 한다. 산-염기 지시약(indicator) 또는 pH 측정기는 pH를 측정하는 데 사용된다.

산-염기 지시약의 원리는 무엇인가?

지시약은 적은 양의 샘플에 대한 초기의 pH를 측정하는 데 사용된다. 지시약은 알려진 pH 범위에서 해리하는 산 또는 염기다. 지시약이 작동하는 이유는 지시약의 산형이나 염기형이 용액에서 각각 다른 색깔을 내기 때문이다. 아래의 일반적인 식은 산-염기 지시약(HIn)의 해리를 나타낸다.

$$HIn(aq) \; \rightleftharpoons \; H^+(aq)^+In^-(aq)$$

산형 　　　　　　　 염기형

낮은 pH 즉 높은 H$^+$에서는 지시약의 산형(HIn)이 지배적이다. 반면에 높은 pH 즉 높은 OH$^-$에서는 지시약의 염기형(In-)이 지배적이다. 지배적인 산형으로부터 지배적인 염기형으로 바뀌는 구간은 pH의 변화가 2인 좁은 범위에서 일어난다. 따라서 이 좁은 범위에서는 용액의 색깔은 산의 색깔과 염기의 색깔이 혼합된 색으로 나타난다. 만일 이 색깔이 변하는 pH 지점을 안다면, 그 용액의 pH를 예측할 수 있다. 따라서 이 범위 이하의 모든 pH값에서는 단지 산형의 색깔만을 볼 수 있으며, 이 범위 이상의 모든 pH값에서는 염기형의 색깔만을 볼 수 있을 것이다.

용액의 pH를 보다 정확히 예측하기 위해서는, 색깔이 변하는 범위가 다른 여러 종류의 지시약으로 반복해서 실험해야 한다. 따라서 전체 pH의 구간에 걸쳐서 시험하려면, 여러 종류의 지시약이 필요할 것이다.

아래 그림은 몇몇 산-염기 지시약의 pH 범위를 보여준다.

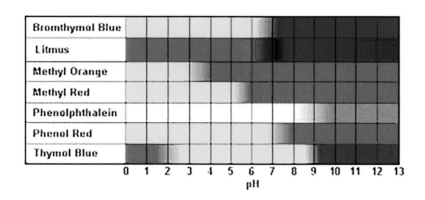

이러한 지시약은 사용할 때 불편한 몇 가지 성질을 가지고 있다. 지시약의 pH값은 보통 25℃에서의 값이다. 따라서 다른 온도에서는 지시약은 다른 pH에서 색깔이 변할지도 모른다. 그리고 용액이 자체로 색깔을 가지고 있다면, 지시약의 색깔은 잘못 나타날 수도 있다. 용액 내에 용해된 염은 지시약의 해리에 영향을 줄 수 있다. 그래서 지시약 조각을 사용하면 이러한 문제를 극복하는 데 도움을 줄 수 있다. 지시약 조각이란 종이나 플라스틱을 지시약에 담근 후에 말린 것이다.

이 지시약 종이를 모르는 용액에 넣은 후에, 그 결과를 색깔표와 비교하여 pH를 측정한다. 어떤 지시약 종이는 다수의 지시약을 흡수한 것도 있다. 이런 것은 넓은 범위의 pH를 측정할 수 있다. 아래 그림 왼쪽에 보인 것은 관목을 심기 전에 그 토양의 pH를 측정하는 것이며, 오른쪽은 토양의 산성도에 따라 수국꽃의 색깔이 달라지는 것을 보여준다.

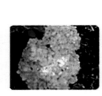

pH 메타의 편리성은 무엇인가?

여러분의 화학 실험실에는 아마도 pH 메타가 있을 것이다. pH 메타는 pH를 신속하게, 그리고 연속적으로 측정하는 데 사용된다. 그리고 이 pH 메타로 측정된 pH는 실제 pH와 일반적으로 0.01 pH 단위의 오차 범위 내로 정확하다. pH 메타를 컴퓨터나 차트 기록계와 연결하면, pH의 변화를 기록할 수 있다.

pH 메타는 액체의 인디케이터나 인디케이터 종이보다 사용하기 쉽다. 위의 그림에 보인 것처럼 메타의 디스플레이 창에 pH가 나타난다. 병원에서도 혈액이나 체액의 pH의 변화를 알기 위해서 pH 메타를 사용한다. 하수오물이나 산업폐기물 또는 토양의 pH는 이 pH 메타로 쉽게 모니터할 수 있다. 용액의 색깔이나 투명도는 측정된 pH 값의 정확도에 영향을 주지 않는다.

1. 물은 산인가? 염기인가? 아니면 양쪽성 물질인가? 그 이유를 반응식을 이용하여 설명하시오.

2. 물의 자동 이온화는 왜 그리고 어떻게 만들어지나, 그림을 그려서 설명하라.

3. 물은 얼마만큼의 양이 자동으로 이온화되는가?

4. 산성 용액이란 무엇인가를 구체적으로 말해보라.

5. 수소 이온 농도는 어떻게 지수함수로 나타내는가?

6. pH를 수학적으로 나타내보고, pH 값과 산성도를 비교해보라.

7. 이온곱이란 무엇을 의미하는가?

8. 물의 이온곱을 수식으로 나타내보라.

9. 지시약이란 무엇인지 말하고, 어떤 조건(경우)에서 사용하는지 말해보라.

10. 지시약 사용의 불편한 점은 무엇이며, 이를 어떻게 해결하였나?

11. 한 가지 지시약은 어떤 pH 범위에서도 사용할 수 있나? 아니면 지시약의 종류에 따라 그 범위가 정해져 있나?

12. 지시약을 사용할 때 주의해야 할 점은 무엇인가?

13. pH 메타의 장점을 말해보라.

1. 다음 중에서 전해질의 성질에 맞는 것은 어느 것인가?

   ㉠ 전해질은 용액 중에 반드시 H^+가 녹아 있어야 한다.

   ㉡ 전해질은 용액 중에 반드시 OH^-가 녹아 있어야 한다.

   ㉢ 전해질은 단순히 전기를 통하는 물질이다.

   ㉣ 전해질은 CH_4도 포함된다.

2. 다음 중에서 가장 포괄적으로 산과 염기를 정의한 것은 어느 것인가?

   ㉠ 산은 수용액에서 H^+를 제공하고, 염기는 OH^-를 제공한다.

   ㉡ 산은 수소이온(H^+)를 내놓고, 염기는 H^+을 받아들이는 것이다.

   ㉢ 산은 전자 한 쌍을 받아들이는 물질이다.

   ㉣ 염기는 전자 한 쌍을 받아들이는 물질이다.

3. 다음 NH_3에 대한 설명 중에서 맞는 것은 어느 것인가?

   ㉠ NH_3는 물에 용해되면 H^+를 받아서 NH_4^+를 만들기 때문에 염기다.

   ㉡ NH_3는 물에 용해되면 H^+를 내놓으므로 산이다.

   ㉢ NH_3는 물에 용해되어도, OH^-를 내놓지 않으므로 아레니우스 정의로는 염기가 아니다.

   ㉣ NH_3는 물에 용해되면 N_2 기체를 발생한다.

4. 메테인(CH_4)에 대한 설명 중에서 맞는 것은 어느 것인가?

   ㉠ CH_4는 물에 용해되면 C-H의 결합력이 약해서, H^+를 만들어서 전기를 통한다.

   ㉡ CH_4는 물에 녹으면 전해질이 된다.

   ㉢ CH_4는 물에 용해되어도 전해질이 안 된다.

   ㉣ CH_4는 물에 용해되면 H^+를 제공하여 약한 산이 된다.

5. 다음 산과 염기를 설명한 것 중에서 틀린 것은 어는 것인가?

   ㉠ 산은 일반적으로 신맛이 난다.

   ㉡ 염기는 보통 미끈미끈하며, 쓴맛이 난다.

   ㉢ $Mg(OH)_2$는 염기며, 물에 아주 조금만 녹아서 속이 쓰릴 때 제산제로 이용된다.

   ㉣ 산과 염기는 항상 공존한다.

6. 다음 중에서 양쪽성 물질은 어느 것인가?

   ㉠ H_2CO_3　　　　　　　　　　㉡ H_3O^+

   ㉢ H_3PO_4　　　　　　　　　　㉣ HCO_3^-

7. 암모니아(NH_3)에 대해서 틀린 것은 어느 것인가?

   ㉠ 암모니아는 물에 용해되면 염기성을 띤다.

   ㉡ 암모니아는 물에 용해되면 NH_4^+ 이온이 된다.

   ㉢ 암모니아 수용액은 아레니우스의 정의로는 염기가 아니다.

   ㉣ 암모니아는 양쪽성 물질이다.

8. 짝산의 설명으로 틀린 것은 어느 것인가?

   ㉠ 짝산은 짝염기의 항상 같이 만들어진다.

   ㉡ 짝산은 염기가 수소 이온(H^+)를 받아서 만들어진다.

   ㉢ 물은 짝산이 될 수 없다.

   ㉣ 물은 짝산이 될 수 있다.

9. 다음 루이스의 산과 염기에 대한 정의 중에서 틀린 설명은 어느 것인가?

   ㉠ HH_3가 물에 녹으면, 전자쌍을 제공하므로 루이스 염기이다.

   ㉡ 물속의 H^+는 전자쌍을 받아들이므로 루이스 산이다.

   ㉢ 루이스의 정의는 브뢴스테드-로리 정의에 의한 모든 산을 포함한다.

   ㉣ 루이스의 정의에서 전자 한 쌍을 제공하는 것은 산이다.

10. 물에 대해서 설명한 것 중에 맞는 것은 어느 것인가?

   ㉠ 물은 H^+ 이온이 존재하므로 산이다.

   ㉡ 물은 산과 염기의 성질을 모두 가진 양쪽성 물질이다.

   ㉢ 물에 OH^-이온이 존재하므로 염기이다.

   ㉣ 물에는 HO_3^+ 이온이 10^{-14}개 존재한다.

11. 물의 자동이온화에 대에서 맞는 것은 어는 것인가?

   ㉠ 물 분자가 끊임없이 서로 충돌하여 자동이온화가 된다.

   ㉡ 물의 자동이온화의 양은 H^+ 농도가 10^{-14} 이다.

   ㉢ 물에 소금을 용해시키면 소금($NaCl$) 속의 Na^+가 OH^-와 결합하여 자동이온화는 작아진다.

   ㉣ 물에 H_2SO_4를 섞으면 물의 자동이온화의 농도는 황산의 H^+ 때문에 커진다.

12. 다음 중 지시약에 대해서 틀린 것은 어느 것인가?

  ㉠ 지시약은 산과 염기를 구별하는 데 쓰인다.

  ㉡ 지시약은 보통 염기용과 산용이 다르다.

  ㉢ 지시약은 보통 넓은 pH 변화 구간에서 반응한다.

  ㉣ 지시약은 여러 번 사용해서 색깔의 변화를 확인해야 한다.

13. 다음 중 물의 이온곱에 대해서 맞는 것은 어느 것인가?

  ㉠ 물의 이온곱은 온도가 올라가면 커진다.

  ㉡ 물의 이온곱은 항상 일정하다.

  ㉢ 물의 이온곱은 강한 산을 섞으면 H^+ 때문에 그 값은 커진다.

  ㉣ 물의 이온곱은 강한 염기를 섞으면 OH^- 때문에 그 값은 커진다.

중화 반응이란 무엇인가?

산-염기 반응에서는 물과 염이 만들어진다

HCl과 같은 강산 용액을 NaOH와 같은 강염기와 섞는다고 하자. 그러면 생성물은 염화나트륨과 물이다.

$$HCl(aq) + NaOH(aq) \longrightarrow NaCl(aq) + H_2O(l)$$

일반적으로 산과 염기는 반응해서 염과 물이 만들어진다. 강산과 강염기가 완전히 반응하면 중성용액이 만들어진다. 이러한 반응 형태를 〈중화반응〉이라고 한다. 염이란 단어를 들으면 음식에 맛을 내는 물질을 생각하겠지만, 이 소금(NaCl)은 염의 한 종류일 뿐이다. 염은 산으로부터 생기는 음이온과 염기로부터 생기는 양이온으로 구성된 이온화합물이다.

산과 염기의 반응은 그 용액에서 수소이온과 하이드로옥사이드 이온의 수가 같아질 때 종료된다. 균형화학식(계수를 맞춘 화학반응식)은 산과 염기의 비율을 말해준다. 아래와 같은 염산(HCl)과 수산화나트륨(NaOH)의 반응에서는 HCl/NaOH의 몰 비는 1:1이다. 즉

$$HCl(aq) + NaOH(aq) \longrightarrow NaCl(aq) + H_2O(l)$$
$$\text{1몰} \qquad \text{1몰} \qquad\qquad \text{1몰} \qquad \text{1몰}$$

다음으로 황산과 수산화나트륨의 반응에서는 H_2SO_4/NaOH의 몰 비는 1:2이다. 즉, 1몰의 산을 중화하려면 2몰의 염기가 필요하다. 즉

$$H_2SO_4 + 2NaOH(aq) \longrightarrow NaSO_4(aq) + 2H_2O(l)$$

$$\text{1몰} \quad \text{2몰} \qquad\qquad \text{1몰} \qquad \text{2몰}$$

이와 비슷하게 염산과 수산화칼슘은 2:1로 반응한다. 즉

$$2HCl + Ca(OH)_2 \longrightarrow CaCl_2(aq) + 2H_2O(l)$$

$$\text{2몰 1몰 1몰 2몰}$$

예제 4

0.3M의 수산화나트륨 용액을 중화하려면 몇 몰의 황산이 필요하겠는가?

1단계: 먼저 문제의 내용을 계수를 맞춘 완전한 화학반응식을 만든다. 그리고 이 반응식으로부터 NaOH 대비 H_2SO_4의 몰 비를 구해야 한다. 즉 화학반응식은 아래와 같이 쓸 수 있다.

$$H_2SO_4(aq) + 2NaOH(aq) \longrightarrow Na_2SO_4(aq) + 2H_2O(l)$$

2단계: 따라서 H_2SO_4/NaOH의 몰비는 위의 반응식으로부터 1/2임을 알 수 있다.

3단계: 따라서 필요한 H_2SO_4의 몰수는 주어진 NaOH의 몰수에 H_2SO_4/NaOH의 몰비 1/2를 곱하면 된다. 즉 구하고자 하는 황산의 몰수는 0.3M × 1/2 = 0.15M이다. 즉 0.15M의 황산용액이 필요하다.

적정은 어떻게 하는 것인가?

적정의 어떤 지점에서 중화가 일어나는가? 산과 염기의 농도를 알기 위하여 중화반응을 이용할 수 있다. 농도를 알고 있는 용액을 농도를 모르는 용액에 첨가하는 공정을 '적정(titration)'이라고 한다. 산-염기 적정의 단계는 다음과 같다.

1. 농도를 모르는 산 용액의 일정한 부피를 플라스크에 담는다.
2. 플라스크를 가볍게 흔들면서 그 용액에 지시약을 몇 방울 떨어트린다.
3. 농도를 아는 염기 용액을 지시액(인디케이터)의 색깔이 아주 조금 변할 때 까지 산 용액에 섞으면서 그 부피를 측정한다.

이때 농도를 알고 있는 용액을 〈표준용액(Standard solution)〉이라고 한다. 다음 그림 의 왼쪽에 농도를 알지 못하는 산 용액을 표준 염기용액으로 적정하는 단계가 나타나 있다. 같은 방법으로 표준 산 용액을 이용하여 염기의 농도를 찾을 수 있다. 왜냐하면 수소이온의 몰수가 하이드로옥사이드 이온의 몰수와 같아질 때 중화가 일 어나기 때문이다.

이와 같이 수소이온과 하이드로옥사이드의 몰값이 같아지는 것을 중화(equivalent)라 한 다. 따라서 중화가 일어난 지점을 〈중화점(eqivalence point), 당량점〉이라 한다. 적정을 위 해서 선택한 지시약은 중화점이나 그에 가까운 pH에서 색깔이 변해야 한다. 이렇게 지시약의 색깔이 변하는 지점을 적정의 〈종말점(end point)〉이라 한다.

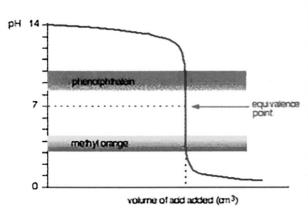

위의 오른쪽 그림은 강염기(NaOH)를 강산(HCl)으로 적정할 때, 그 용액의 pH가 어떻게 변하는지를 보여준다. 즉 위 〈중화 곡선〉의 모양에서 HCl은 초기에 낮은 pH를 가지고 있다. 적정 초기에는 NaOH의 양이 HCl의 산성을 중화하지 못하여 pH = 7 근처까지는 서서히 pH가 증가하다가, NaOH를 첨가함에 따라 pH의 증가 속도는 커진다.

이 용액의 당량점(중화점)은 pH가 7이 되는 지점에서 일어난다. 적정이 당량점 근처에 접근함에 따라, 수소이온이 급격히 소모되어 pH는 급격히 상승한다. 적정이 중화점을 지나서도 계속되면 pH는 더욱 증가한다. 즉 HCl이 모두 소모되어 중화되는 것이다. 그리고 적정을 계속하면 NaOH의 양이 서서히 증가하면서 pH도 서서히 증가하게 되므로 위와 같은 S 모양의 곡선을 나타내게 된다.

따라서 적정 시약의 종류와 세기에 따라 적정곡선의 모양이 달라진다. 즉 강산을 강염기로 적정하면 곡선의 기울기가 약산-약염기의 적정곡선보다 가파르게 될 것이다. 그리고 만일 HCl과 NaOH의 적정을 정확히 당량점에서 중지한다면, 최종적으로 비커 속의 용액은 H_2O와 NaCl 그리고 약간의 지시약으로 구성되어 있을 것이다.

예제 5

25mL의 H_2SO_4 용액이 18mL의 1.0M NaOH 용액으로 중화되었다면 H_2SO_4 용액의 농도는 얼마였을까?

1단계: 이 문제를 풀려면 먼저 적정에 사용된 용액의 NaOH이 몰수를 부피와 몰농도(M)를 가지고 구해야 한다. 여기서는 0.018L × 1.0mol/1L = 0.018몰이다.

2단계: 그다음 중화될 때 일어나는 화학반응식을 만들고 계수를 맞춘 후에, NaOH 대비 H_2SO_4의 몰비를 구해야 한다. 여기서는
$H_2SO_4(aq) + 2NaOH(aq) \longrightarrow Na_2SO_4(aq) + 2H_2O(l)$ 이다.
따라서 H_2SO_4/NaOH의 몰비 = 1/2이다.

3단계: 따라서 H_2SO_4의 몰수는 NaOH가 0.018몰이므로 0.018 × 1/2 = 0.009 몰이다.

4단계: 다음으로 중화에 사용된 H_2SO_4의 몰수를 구하면 된다. 즉 0.009몰의 H_2SO_4가 25mL가 중화에 사용되었으므로, 이 H_2SO_4의 몰농도는 1L에 대한 것이므로 0.009mol/0.025L = 0.36M이다.

이 문제는 간단히 n × M × V = n' × M' × V' 관계식을 이용하면 쉽게 풀 수 있다. 즉 중화반응의 식을 완성한 후 산과 염기의 몰비를 구한다. 몰비는 산과 염기의 가수가 된다. 가수는 산이나 염기가 수용액에서 내놓는 H^+ 또는 OH^-의 개수이다. 즉 n = 2은 H_2SO_4의 가수이며, n' = 1은 NaOH의 가수이다. M, M'은 각각의 몰농도이고 V, V'는 각 수용액의 부피이다.
따라서 2 × ?M × 25mL = 1x × 1M × 18mL의 해를 구하면
? = 18/50M = 0.36M이 구해지므로 위의 방법과 같은 결과가 얻어진다.
그러나 위와 같은 방법은 다른 문제를 해결하는 데 기본이 되므로 개념을 단계에 따라 숙지할 필요가 있다.

용액 속의 염은 언제, 어떻게 만들어지나?

중화반응으로부터 만들어지는 생성물 중의 하나는 '염(salt)'이다. 이 염은 산으로부터의 음이온과 염기로부터의 양이온으로 구성되어 있다. 많은 염은 중성이지만, 산성이나 염기인 염도 있다. 중성을 이루는 염에는 염화나트륨과 황산칼륨 등이 있다.

1. 중화반응이란 무엇이지 염산(HCl)과 수산화나트륨(NaOH)의 반응을 예로 하여 설명하고, 이때 무엇이 생성되는지 화학 반응식으로 말해보라.

2. 적정이란 어떻게 하는 것인지 3단계로 구체적으로 설명해보라.

3. 중화란 무엇인지 말해보라. 그리고 중화점은 무엇인가?

4. 표준용액이란 무엇인가? 적정 실험을 이용하여 설명하라.

5. 적정의 종말점이란 무엇을 말하는가?

6. 중화점과 종말점의 차이를 설명하라.

7. 강산과 강염기를 중화할 때 나타나는 중화 곡선을 그림으로 나타내고, 왜 그와 같이 S-모양이 되는지 3단계로 나누어 설명하라.

8. 약산과 약염기의 중화곡선을 강산과 강염기의 중화곡선과 비교하여 그려보아라.

9. 중화곡선의 모양은 중화되는 산이나 염기에 따라 달라지는가? 아니면 항상 같은 모양인가를 설명해보라.

10. 지시약의 종류에 따라 중화곡선의 모양은 달라지겠는가? 같은가? 그 이유는 무엇이겠는가?

11. 염이란 무엇인지 말하고, 그 염은 언제, 어떻게 만들어지는지 예를 들어서 설명해보라.

12. 강산과 약산의 차이는 무엇인지 말해보라.

1. 0.5몰의 NaOH를 2.0몰의 H_3PO_4 용액에 섞으면 그 용액은 다음 중 어느 것을 포함하겠는가?

   ㉠ $PO4^{-3}$

   ㉡ NaOH

   ㉢ $HPO4^{-2}$

   ㉣ $PO4^{-3}$와 $HPO4^{-2}$

2. HCl 용액과 $HC_2H_3O_2$ 산의 차이를 설명한 것 중에서 맞게 한 것은 어느 것인가?

   ㉠ HCl이 보다 용액 중에 적은 수소를 포함하고 있다.

   ㉡ $HC_2H_3O_2$가 보다 많은 H^+를 만든다.

   ㉢ HCl이 더 많이 이온화된다.

   ㉣ $HC_2H_3O_2$가 더 많이 이온화된다.

3. 농도를 모르는 20mL의 NaOH 용액을 적정하는 데 10mL의 1M HCl이 필요했다면, NaOH의 농도는 얼마였을까?

   ㉠ 2M

   ㉡ 2.5M

   ㉢ 1.5M

   ㉢ 0.5M

4. 약한 산을 강한 염기의 적정액으로 중화적정하는 경우에 나타나는 중화곡선을 설명한 것 중에 맞는 것은 어느 것인가?

   ㉠ 중화곡선의 시작점에서 급격한 pH 위 상승 곡선이 짧게 나타난다.

   ㉡ 중화곡선은 중화점을 중심으로 오른쪽으로 편향되어 나타난다.

   ㉢ 중화점이 pH = 7 위에서 나타난다.

   ㉣ 중화곡선에 중화점이 두 번 계단식으로 나타난다.

정답

1. ㉣ 2. ㉢ 3. ㉣ 4. ㉠

IV-3 / 산화와 환원

산화란 무엇인가?

산화가 일어나는 물질에서는 무슨 일이 일어나는가? 자동차의 엔진에서 휘발유가 연소하는 것과 벽난로에서 나무가 타는 것은 산소를 필요로 하는 반응이며, 또한 에너지가 방출되는 반응이다. 그리고 여러분의 몸에서 음식물을 소화하여 에너지를 방출하는 반응에서는 호흡한 공기 중의 산소가 사용된다.

산화와 환원은 산소를 얻거나 잃는 것이다

초기의 화학자들은 산화를 어떤 원소가 산소와 결합하여 산화물을 만드는 것으로만 생각했었다. 그러나 연료가 타는 것도 역시 산소를 사용하는 산화반응이다. 예를 들어 메테인(CH_4)은 천연가스의 주성분으로 공기 중에서 연소하여, 다음 그림에서 보는 것처럼 산화되어 탄소의 산화물인 이산화탄소와 수소의 산화물인 물을 만든다.

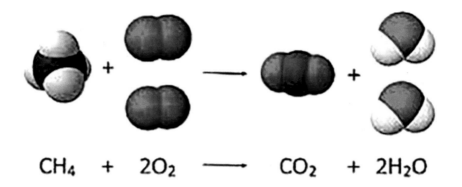

$$CH_4 \ + \ 2O_2 \ \longrightarrow \ CO_2 \ + \ 2H_2O$$

그러나 모든 산화공정이 산소를 태우는 것은 아니다. 예를 들어 철의 원자가 녹으로 변할 때는, 철은 천천히 철의 산화물인 산화철(III)(Fe_2O_3)로 산화된다.

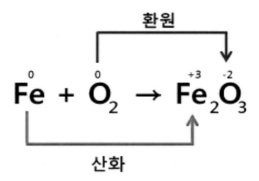

환원이라고 부르는 공정은 산화의 반대다. 원래 환원은 화합물로부터 산소를 잃는 것을 의미했다. 철광석을 금속의 철로 환원하는 것은 산화철(III)로부터 산소를 제거하는 것이다. 환원은 철광석에 보통 코크스(cokes) 형태의 탄소로 가열하여 완성한다. 철광석의 환원에 대한 화학식은 아래와 같다.

$$2Fe_2O_3 + 3C(s) \longrightarrow 4Fe(s) + 3CO_2(g)$$

산화철(III)　탄소　　　　철　　이산화탄소

산화철의 환원은 또한 산화 공정도 포함한다. 즉 산화철(III)이 산소를 잃고 철로 환원되면서, 탄소는 산소를 얻어서 이산화탄소로 산화된다. 즉 산화와 환원은 언제나 동시에 일어난다. 즉 산화가 되는 물질은 산소를 얻고, 환원이 되는 물질은 산소를 잃는다. 어떠한 산화도 환원 없이는 일어나지 않으며, 어떤 환원도 산화 없이는 일어나지 못한다. 그래서 산화와 환원이 함께 일어나는 반응을 〈산화-환원 반응(oxidation-reduction reaction)〉이라고 부른다. 산화-환원 반응은 레독스(redox) 반응이라고도 한다.

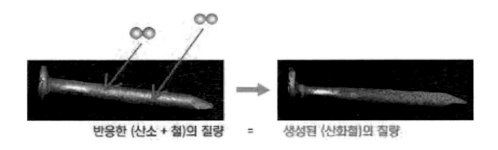

반응한 (산소 + 철)의 질량   =   생성된 〈산화철〉의 질량

산화-환원 반응의 현대적 해석은 무엇인가?

산화와 환원의 현대적 개념은 산소조차도 관여하지 않는 많은 반응으로까지 확대되었다. 앞에서 불소를 제외하면 산소가 가장 전기음성도가 높은 원소라는 것을 알았다. 결과적으로 산소가 다른 원소(불소를 제외한)의 원자와 결합하면, 전자는 그 원자로부터 산소 쪽으로 이동하게 된다. 산화-화원 반응은 현재 반응물 간에 전자의 이동을 의미한다고 이해되고 있다. 오늘날에는 〈산화〉는 산소를 얻거나, 전자들의 완전한 또는 부분적인 잃음을 의미한다. 〈환원〉은 산소를 잃거나, 전자들의 완전한 또는 부분적인 잃음을 의미한다. 다음 표에 산화와 환원의 의미가 요약되어 있다.

	산화	환원
고전적 의미	산소를 얻음	산소를 잃음
현대적 의미	전자를 잃음	전자를 얻음

이온결합은 산화-환원 반응인가?

금속과 비금속이 반응할 때 전자들은 금속 원자로부터 비금속 원자로 이동한다. 예를 들어 마그네슘 금속과 비금속인 황에 열을 가하면, 아래 그림과 같이 황화마그네슘 화합물이 만들어진다. 두 개의 전자가 마그네슘 원자로부터 황 원자로 이동한다. 황 원자는 전자를 얻음으로써 보다 더 안정하게 된다.

마그네슘 원자는 전자를 잃기 때문에 마그네슘 이온으로 산화되었다고 한다. 동시에 황 원자는 두 개의 전자를 얻어서 황화물 이온으로 환원되었다고 한다. 전체의 과정은 2원소 공정으로 다음과 같이 나타낼 수 있다.

산화: $Mg \longrightarrow Mg^{2+} + 2e^-$ (전자 잃음)

환원: $S + 2e^- \longrightarrow S_2^-$ (전자 얻음)

Mg(s) + S(s) $\xrightarrow{\text{heat}}$ MgS(s)

다시 말해서 산화가 일어나는 원소는 전자를 잃고, 환원이 일어나는 원소는 전자를 얻는다. 전자를 잃는 원소는 환원제(reducing agent)다. 마그네슘이 전자를 잃고, 황을 환원시킨다. 그래서 마그네슘은 환원제인 것이다. 마그네슘으로부터 전자를 얻음으로써, 황은 마그네슘을 산화시킨다고 할 수 있다. 따라서 황은 산화제이다. 산화제와 환원제를 구별하는 또 다른 방법은 다음과 같다. 즉, 환원되는 원소는 산화제이고, 산화되는 원소는 환원제다.

$$Mg(s) + S(s) \longrightarrow MgS(s)$$

마그네슘   황   황화마그네슘

(환원제)   (산화제)

위의 그림에 금속인 Mg가 비금속인 황과 산화-환원 반응에 의하여 이온화합물인 MgS가 만들어지는 과정이 나타나 있다.

예제 6

$2AgNO_3(aq) + Cu(s) \longrightarrow Cu(NO_3)^2(aq) + 2Ag(s)$의 반응에서 산화되는 물질은 무엇이며, 환원되는 물질은 무엇인가? 그리고 산화제와 환원제는 각각 무엇인가?

1. 먼저 위 화학반응식을 이온식으로 나타내면 알기 쉽다. 즉 여기서는 $AgNO_3$는 물에 녹아서 이온으로 분리하여 $Cu(NO_3)_2$를 만들고, Ag는 석출하여 고체가 되므로 아래와 같은 이온 반응식으로 쓸 수 있다. 즉 $2Ag^+ + 2NO_3^- + Cu \longrightarrow Cu^{++} + 2NO_3^- + 2Ag$가 된다.
2. Ag는 Ag^+에서 전자를 얻었으므로 환원되었음을 알 수 있으며, 따라서 산화제이다.
3. Cu^{++}는 Cu에서 전자를 잃었으므로 산화되었음을 알 수 있고, 따라서 환원제다.

공유결합 화합물의 산화-환원 반응

금속과 비금속이 반응하여 이온화합물을 만들 때는 전자들의 완전한 이동을 알기는 쉽다. 그러나 어떤 반응은 공유화합물을 만들 때는 전자들의 이동은 알기가 쉽지 않다. 수소와 산소의 반응이 그 예다.

$$2H_2(g) + O_2(g) \longrightarrow 2H_2O(l)$$

물 분자가 만들어질 때 결합전자(결합에 참여하는 전자)에는 무슨 일이 일어나는지 살펴보자. 반응물인 수소분자에는 결합전자들이 수소 원자 사이에 동등하게 공유되고 있다. 그러나 물에서는 산소가 수소보다 전기음성도가 크기 때문에 결합전자들은 산소 쪽으로 끌려간다. 그 결과는 비록 완전한 전자들의 이동이 없더라도, 결합전자들은 수소로부터 멀리 이동하게 된다. 즉, 수소는 전자를 부분적으로 잃기 때문에 산화되었다고 한다.

물이 만들어지는 수소와 산소의 반응에서는 수소는 산화가 되기 때문에 환원제가 된다. 산소는 환원이 되기 때문에 산화제가 된다. 또 이러한 산화-환원 반응은 높은 발열반응을 한다. 따라서 아래 그림과 같이 매우 큰 에너지를 방출하기 때문에 용접에 이용하기도 한다.

공유결합의 반응물이나 생성물이 관련된 어떤 반응에서는 부분적인 전자의 이동은 분명하지 않다. 예를 들어 탄소 화합물에서는 산소의 첨가나 수소의 제거는 항상 산화이다. 아래 그림에는 산화와 환원이 일어나는 반응의 몇 가지 개념이 나타나 있다. 여기서 산화수는 앞으로 설명한다.

Categories	Oxidation	Reduction
Oxygen	Addition	Removal
Hydrogen	Removal	Addition
Electrons	Loss	Gain
Oxidation states	Increase	Decrease
Agents	Oxidizing agents	Reducing agents
Examples	Oxidation of glucose during respiration	Reduction of carbon dioxide during photosynthesis

부식이란 무엇인가?

아래 그림에 녹이 슬은 자동차의 모습이 나타나 있다. 이처럼 부식은 자연에서 필수적으로 생기는 현상이며 그것을 줄이는 방법이 고안되었을 뿐, 없앨 수는 없다. 왜냐하면 부식에서는 일반적으로 우리가 배운 산화-환원 반응이 일어나기 때문이다. 부식이란 금속이 전자를 잃고 이온화된 후에, 그 이온이 대기 중 또는 다른 곳으로부터의 산소와 결합하여 산화물을 만들어 본래의 금속에서 분리되는 것으로 정의할 수 있다.

따라서 금속이 이온화되는 것을 막거나, 금속산화물이 만들어진 후에 분리되는 것을 막을 수 있으면 부식을 막을 수 있게 된다. 이 원리를 이용한 것이 함석판(철 위에 아연을 도금한 것)이며, 그 원리는 아연이 철보다 먼저 이온화하여 부식되는 동안 철의 이온화를 막는 원리이다. 이것을 〈희생양극 부식방지〉라고 한다.

또한 스테인레스 강의 원리는 철과 크롬을 함께 섞어 합금을 만들면, 철과 크롬 모두 산화물을 만드는데 철의 산화물은 금속 표면에서 잘 떨어져 나가서 녹이 슬게 되지만, 크롬을 함께 섞으면 크롬의 산화물은 잘 떨어져 나가지 않기 때문에 녹이 슬지 않는 원리를 이용한 것이다. 즉 철에 크롬을 적정량(18%) 첨가하면 스테인레스 강이 만들어진다.

그러면 철이 수분이 있는 곳에서 녹스는 산화-환원 반응을 화학식으로 나타내보자.

$$2Fe(s) + O_2(g) + 2H_2O \longrightarrow 2Fe(OH)_2(s)$$
$$4Fe(OH)_2(s) + O_2(g) + 2H_2O(l) \longrightarrow 4Fe(OH)_3(s)$$

위 식에서 보는 바와 같이 철은 산화되었음을 알 수 있고. 산소는 환원되었음을 알 수 있다. 이때 산화물이 만들어지면서 떨어져 나오는 전자가 이동하게 되는데, 이 이동을 조절하면 부식을 조절할 수 있게 된다.

다시 말해서 철이 물이나 산에서 더 빨리 녹이 스는 이유는 산의 수용액에서 이온들이 전자들의 이동을 돕기 때문이다. 물에서 녹이 더 잘 스는 이유는 물에는 산화제 역할을 하는 산소가 풀려 있기 때문이다. 아래 그림에 부식의 개념도가 나타나 있다.

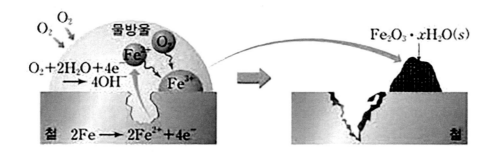

산화수란 무엇인가?

산화수의 지정은 어떻게 하나?

산화수를 지정하는 일반적인 규칙은 무엇인가?

〈산화수(oxidation number)〉는 산화나 환원의 정도를 나타내기 위하여 원자에 지정된 양의 숫자나 음의 숫자를 말한다. 일반적으로 결합에 참여한 원자의 산화수는, 원자들이 결합할 때 전자들이 전기음성도가 더 큰 원소의 원자에 할당될 때, 그 원자가 갖게 되는 전하수이다. 앞으로 복잡한 산화-환원 반응에서 산화수의 변화를 가지고 반응식의 균형을 맞출 수 있다는 것을 배울 것이다. 앞으로 나오는 몇 가지의 규칙이 산화수를 결정하는 데 도움을 줄 것이다.

　NaCl과 CaCl₂ 같은 이원 이온화합물에서는 원자의 산화수는 그 이온의 전하량이다. (규칙 1 참고) 즉 염화나트륨 화합물은 나트륨 이온(Na^{1+})과 염소 이온(Cl^{1-})으로 구성되어 있다. 따라서 나트륨의 산화수는 +1이고, 염소의 산화수는 -1이다. CaCl₂에서는 칼슘의 산화수는 +2이고, 염소의 산화수는 -2이다. +, - 부호가 산화수 앞에 오는 것에 유념하자.

　물은 분자화합물이기 때문에 그 원자들에는 이온전하는 관련되지 않는다. 그러나 산소는 물이 만들어질 때 환원된다고 할 수 있다. 왜냐하면 산소는 수소보다 전기음성도가 크다. 따라서 물에서 H-O 결합의 두 개의 공유전자는 산소 쪽으로 이동하게 되고, 수소 쪽으로부터는 멀어진다. 즉 두 개의 수소 원자로부터 제공되는 전자들이 산소 원자로 완전히 이전된다. 이러한 전자의 이전으로 야기된 전하가 결합된 원소들의 산화수가 된다. 따라서 산소의 산화수는 -2이고, 수소의 산화수는 +1이 된다(규칙 2와 규칙 3 참고). 산화수는 분자식의 화학명칭 위에 쓰는 경우가 흔하다.

$$\overset{+1 \quad -2}{H_2O}$$

　그런데 많은 원소는 다른 산화수를 가질 수 있다. 이러한 원소의 원자들의 산화수를 결정할 때는 규칙 5와 규칙 6을 이용한다. 그리고 규칙 1에서 4까지로 산화수가 결정이 안 되는 다른 원소에서도 규칙 5와 6을 이용한다. 아래 그림에 보인 원소들은 모두 크롬을 함유하고 있지만, 이 크롬은 결합되어 있지 않은 상태의 산화수와 화합물을 이룬 상태의 산화수는 다르며 그 산화수가 다른 크롬 화합물들은 색깔이 다르다.

산화수를 지정하는 규칙에는 어떤 것이 있나?

규칙 1. 1원자 이온의 산화수는 그 이온의 전하량 크기 및 부호와 같다. 예를 들어 브롬 이온(Br^-)의 산화수는 -1이다. 그리고 Fe_3의 산화수는 +3이다.

규칙 2. 화합물에서 수소의 산화수는 +1이다. 그러나 NaH와 같은 금속수소 화물에서는 -1이다.

규칙 3. 화합물에서 산소의 산화수는 -2이다. 그러나 H_2O_2와 같은 과산화물에서는 -1이고, 더 큰 전기음성도를 가진 불소와의 화합물에서는 양수다.

규칙 4. 결합을 하지 않은 상태의 원자의 산화수는 0이다. 예를 들어 칼륨 금속에서의 칼륨(K) 원자의 산화수는 0이고, 질소 가스(N_2)에서 질소 원자의 산화수도 0이다.

규칙 5. 중성화합물에서는 그 화합물의 원자들의 산화수의 합은 0이어야 한다.

규칙 6. 다원자 이온에서는 산화수의 합은 그 이온의 이온전하량과 같아야 한다.

위 〈예제 6〉에서 산화와 환원된 물질을 산화수의 증감으로 말하라.

1. 원자가 전자를 잃고 얻음 대신에, 위에서 설명한 원자의 산화수의 증감으로 산화되거나 환원된 물질을 알 수 있다. 먼저 이온 반응식을 만든다.

   즉, $2Ag^+ + 2NO_3^- + Cu \longrightarrow Cu^{++} + 2NO_3^- + 2Ag$에서

2. Ag는 Ag^+에서 Ag로 되었으므로 산화수가 +1에서 0으로 감소하였으므로 환원되었고, 산화제로 쓰였다.

3. Cu는 Cu0에서 Cu^{++}로 산화수가 0에서 +2로 증가 하였으므로 자신은 산화되었고, Ag를 환원하는 환원제 역할을 하였다.

화학 반응에서 산화수의 변화는 무슨 의미인가?

아래 그림은 구리(Cu)선을 질산은 용액에 넣어두면 구리선이 은으로 도금되는 것을 보여준다. 이 반응에서는 실버(Ag)의 산화수는 각 실버 이온(Ag^{+1})이 전자를 얻어 실버 금속(Ag)으로 환원됨에 따라, +1에서 0으로 감소한다. 구리의 산화수는 각 구리 원자(Cu)가 2개의 전자를 잃고 Cu^{2+}로 산화됨에 따라, 0에서 +2로 증가한다. 아래에 산화수를 포함한 반응식이 나와 있다. 반면에 실버는 환원되어 구리 위에 실버 금속으로 도금되는 반응이 일어난다. 이것이 도금의 원리이다.

$$\overset{+1\ +5\ -2}{2AgNO_3}(aq) + \overset{0}{Cu}(s) \longrightarrow \overset{+2\ +5\ -2}{Cu(NO_3)_2}(aq) + \overset{0}{2Ag}(s)$$

아래 그림은 반짝반짝한 철 못을 황화구리(II) 용액에 담그면 일어나는 산화-환원 반응을 보여준다. 즉 아래와 같은 산화-환원 화학반응이 일어나서 철 위에 구리가 도금되는 것을 볼 수 있다. 여기서도 위와 마찬가지로 철과 구리의 산화수 변화를 계산하면 철이 산화되고 구리는 환원되는 것을 알 수 있다.

$$Fe + CuSO_4 \longrightarrow FeSO_4 + Cu$$

다시 말해서 산화-환원반응은 산화수의 변화로 알 수 있다. 즉 어떤 원소 또는 이온의 산화수 증가는 산화를 나타내고, 반면에 산화수의 감소는 환원을 나타낸다.

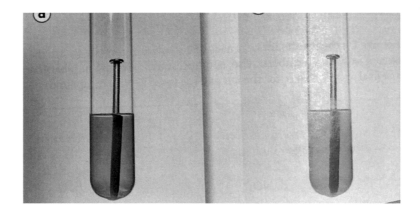

산화-환원 반응식은 어떻게 나타내는가?

아래 그림은 사과를 씹은 후에는 그 씹은 부분의 색깔이 노랗게 변하는 것을 경험했을 것이다. 그 이유는 화학반응이 일어났기 때문이다. 이러한 화학반응의 몇 가지에 대해서 알아보자.

산화-환원 반응은 어떻게 구별하는가?

일반적으로 화학반응은 두 가지로 구분할 수 있다. 그리고 모든 화학반응은 두 종류 중 어느 한 가지로 지정된다. 즉 한 종류의 화학반응은 전자가 한 반응물에서 다른 반응물로 이동하는 산화-환원 반응이고, 다른 종류는 전자의 이동이 없는 모든 반응이다. 많은 단일 치환반응, 혼합반응, 분해반응, 연소반응은 산화-환원 반응이다. 그러나 산-염기 반응은 산화-화원 반응이 아니다.

아래 그림에 산화-환원 반응의 두 가지 예가 나타나 있다. 아래 그림 왼쪽은 칼륨 금속이 물과 반응하면 폭발이 일어나는 것을 보여주고 있다. 핸드폰 속의 칼륨 금속이 폭발하는 것이다. 아래 그림 오른쪽은 마그네슘과 염산의 반응으로 수소가 발생하는 것을 보여준다.

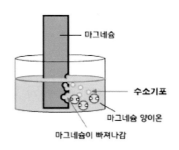

아래 그림에 나타난 것과 같이 번개가 칠 때는 공기 중의 산소 분자와 질소 분자가 일산화질소를 만든다. 이 반응은 혼합반응의 한 예이다. 그 반응식은 아래와 같다.

$$N_2(g) + O_2(g) \longrightarrow 2NO(g)$$

이 반응이 산화-환원 반응인지 어떻게 알 수 있나? 만일 반응물 중의 어떤 원소의 산화수가 변하면, 그 원소는 산화 또는 환원이 된 것이다. 따라서 그 반응 전체로는 산

화-환원 반응이 틀림없다. 위 예에서 질소의 산화수는 0에서 2로 증가했고, 산소의 산화수는 0에서 -2로 감소했다. 따라서 산소와 질소가 반응하여 일산화질소를 만드는 반응은 산화-환원 반응이다.

색깔의 변화가 일어나는 많은 반응은 산화-환원 반응이다. 왜냐하면 금속 이온의 산화수에 따라 색깔이 다르기 때문이다. 이러한 원리를 이용해서 바닷속의 조개들이 그 껍데기의 색깔을 주위의 모래 색깔과 같이 만들어 자신을 보호하는 것이다. 또한 앞에서 말한 대로 사과를 깨문 후에는 그 사과의 색깔이 변하는 것도, 사과 속의 과당 성분이 공기 중에서 산화되어 노랗게 변색되는 것이다.

또 다른 예가 아래 그림에 나타나 있다. 즉 망간 이온의 산화수가 변하면 색깔이 변하는 예이다. +6가의 망간이온은 보라색이고, 환원된 +2가의 망간이온은 무색이다. -1가의 브롬 이온은 무색이고, 산화된 브롬의 수용액은 갈색으로 나타났다.

$$MnO^{4-}(aq) + Br^-(aq) \longrightarrow Mn^{2+}(aq) + Br_2(aq)$$

보라색   무색   무색   갈색

1. 이 문제에 답하기 위해서는 위 화학반응식을 이온 반응식으로 다시 써서, 원자들의 산화수의 증감을 계산하면 알 수 있다. 즉 산화수에 증감이 없으면 이 반응은 레독스 반응이 아니다.
2. 위 반응식을 이온식으로 고쳐 쓰면

$$2Na^+ + OH^- + 2H + SO_4 \longrightarrow Na^{2+} + SO_4 + 2H_2O$$

여기서 먼저 Na를 살펴보자. +1에서 그대로 +1로 산화수에는 변함이 없다. O도 마찬가지로 산화수가 −2로 변함이 없고, S도 +6으로 변함이 없다.

즉 위 화학반응식은 산화-환원 반응이 아니다.

산화-환원 반응식의 계수 맞추기

산화-환원 반응식에서 계수의 균형을 맞추는 두 가지 방법은 무엇인가?

많은 산화-환원 반응은 너무 복잡해서 시행착오 방법으로 계수를 맞추기가 어렵다. 다행히 두 가지 체계적인 방법이 있다. 그 두 가지는 산화수 변화 방법과 반쪽반응(half reaction) 방법이다. 이 두 가지 방법은 환원에서 얻는 전체 전자 수는 산화에서 잃는 전체 전자수와 같아야 한다는 것이다. 한 방법은 산화수 변화를 이용하고, 다른 방법은 반쪽반응을 이용한다.

산화수 변화를 이용하여 계수 맞추기

전자들의 이동을 추적하기 위해서 산화수를 이용한다. 산화수 변화 방법에서는 산화수의 증가와 감소를 비교해서 산화-환원 반응의 계수를 맞춘다.

이 방법을 이용하기 위해서는 산화-환원 반응의 기본 화학식부터 시작한다.

예를 들어 철광석에서 금속 철을 얻는 공정을 살펴보자.

$$Fe_2O_3(s) + CO(g) \longrightarrow Fe(s) + CO_2(g) \quad \text{계수 안 맞음}$$

1단계: 화학식의 모든 원자에 산화수를 지정한다. 원자들 위에 산화수를 쓴다.

$$\overset{+3\ -2}{Fe_2O_3(s)} + \overset{+2\ -2}{CO(g)} \longrightarrow \overset{0}{Fe(s)} + \overset{+4\ -2}{CO_2(g)}$$

산화수는 원자 당으로 써야 한다. 즉 Fe_2O_3에서 Fe 이온의 전체 양전하는 +6이지만, 각 Fe 이온의 산화수는 +3이 된다.

2단계: 어떤 원자가 산화되고, 어떤 원자가 환원되는지 식별한다.

이 반응에서는 철은 산화수가 +3에서 0으로 감소했으므로, 그 변화는 -3이다. 따라서 철은 환원되었다. 탄소는 산화수가 +2에서 +4로 증가했으므로, 그 변화는 +2이다. 따라서 탄소는 산화되었다.

3단계: 산화가 일어나는 원자들을 한 개의 괄호로 묶고, 환원이 일어나는 원자들을 다른 괄호로 묶는다. 그리고 각 괄호의 중간에 산화수의 변화를 쓴다.

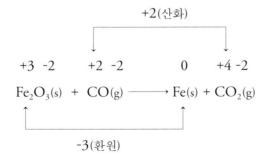

4단계: 산화에서 일어나는 산화수의 전체 증가 수와 환원에서 일어나는 산화수의 전체 감

소 수를 적절한 계수를 사용하여 같게 한다. 이 예에서는 산화수의 증가는 3을 곱해야 하고, 산화수의 감소는 2를 곱해야 한다. 그러면 +6의 증가와 -6의 감소로 같게 된다. 이렇게 하려면 반응식에서 오른쪽의 Fe 앞에 계수 2를 넣고, CO와 CO_2 앞에는 계수 3을 넣으면 된다. Fe_2O_3는 Fe가 이미 2Fe로 되어 있으므로 계수가 필요 없다.

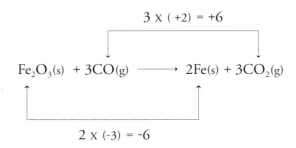

$$3 \times (+2) = +6$$

$$Fe_2O_3(s) + 3CO(g) \longrightarrow 2Fe(s) + 3CO_2(g)$$

$$2 \times (-3) = -6$$

5단계: 마지막으로 반응식이 원자와 전하에 대해서 모두 계수가 맞는지 확인한다.

$$Fe_2O_3(s) + 3CO(g) \longrightarrow 2Fe(s) + 3CO_2(g)$$

예제 9

다음 산화-환원 반응의 계수를 산화수 증감 방법을 이용하여 맞추어 보라.

$K_2Cr_2O_7(aq) + H_2O(l) + S(s) \longrightarrow KOH(aq) + Cr_2O_3(s) + SO_2(g)$

1. 먼저 위 식에서 산화수의 증감을 계산해서, 전체 산화수 증감이 같아지는 수를 찾는다. 여기서는 Cr이 +6에서 +3으로 감소하고, S가 0에서 +4로 증가했으므로, 그 값이 같아지는 값은 3×4=12이다.
2. 따라서 S를 포함한 화학식에 산화수 증가는 3×(+4)=12이므로 계수 3을 붙이고, Cr을 포함한 화학식에는 산화수 감소는 2×(-6)=-12이므로 계수 2를 붙인다.
   그러면 $2K_2Cr_2O7 + H_2O + 3S \longrightarrow KOH + 2Cr_2O_3 + SO_2$가 된다.
3. 그다음에 남은 원소, H와 O의 계수를 맞춘다. 여기서는 H_2O와 KOH만이 H와 O를 포함하므로 비교적 간단하다. 위 식에서 K원자는 4이므로 KOH의 계수는 4가 되고, 따라서 H_2O의 계수는 2가 된다.
4. 최종적으로 문제의 산화-환원 반응식은
   $2K_2Cr_2O_7(aq) + 2H_2O(l) + 3S(s) \longrightarrow 4KOH(aq) + 2Cr_2O_3 + 3SO_2(s)$가 된다.

구경꾼이온의 역할은 배달이다

구경꾼이온이란 화학반응에 참여하지 않고, 반응물과 생성물 양쪽에 같이 나타나는 이온을 말한다. 따라서 차감 이온반응식에서는 식 양쪽에서 상쇄된다. 즉, "구경꾼"이란 의미는 수용액에서 다른 이온들을 "지켜본다"라는 뜻이다.

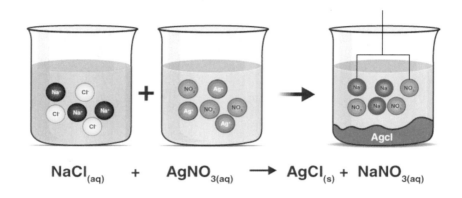

$$NaCl_{(aq)} \quad + \quad AgNO_{3(aq)} \quad \longrightarrow \quad AgCl_{(s)} + NaNO_{3(aq)}$$

위 그림에서 보듯이

1. NaCl은 수용액에서 Na^+ 이온과 Cl^- 이온을 만든다. 그리고 $AgNO_3$는 수용액에서 Ag^+ 이온과 NO_3^-이온을 만든다. 두 수용액을 섞으면 서로 반응하여 AgCl의 석출물을 만들고, Na^+와 NO_3^-는 용액 안에 이온의 형태로 존재하게 된다. 즉 전체 반응식은 다음과 같다.

$$Na^+ Cl^- + Ag^+ NO_3^- \quad \longrightarrow \quad AgCl(s) + Na^+ + NO_3^-$$

여기서 Na^+ 이온과 NO_3^- 이온은 반응에 참여하지 않고, 이온 형태로 용액에 존재한다. 따라서 이 두 가지 이온을 구경꾼이온(spectator ion)이라고 한다. 이 두 이온은 양쪽에서 서로 상쇄되고, Ag^+ 이온과 Cl^-이온이 반응하여 AgCl을 만든다. 즉 차감이온반응식은 아래와 같다.

$$Ag^+ (aq) + Cl^-(aq) \longrightarrow AgCl(s)$$

2. 구경꾼이온은 화학반응에는 참여하지 않는다.

3. 구경꾼이온들은 반응을 전후하여 같은 형태로 존재한다.

4. 구경꾼이온의 역할은 화학반응을 단지 지켜보는 것이다.

5. 구경꾼이온은 다른 반응에 참여하는 이온들은 실어 나르는 역할을 한다.

6. 알칼리 금속과 할로겐 원소들이 구경꾼이온이 되는 경우가 많다.

7. 차감이온반응식을 쓸 때는, 구경꾼이온들은 반응물과 생성물 쪽에서 빠진다. 즉, 차감이온반응식은 단지 반응에 참여하는 입지들만을 포함한다.

8. 어떤 이온이 화학반응식 양쪽에 동시에 나타나며, 같은 형태를 갖고 있으면 그것은 구경꾼이온이다.

9. 구경꾼이온은 석출물에는 들어가지 않는다.

10. 어떤 화학반응이 구경꾼이온들로만 이루어지면, 석출물은 생성되지 않게 된다.

예제 10

다음 그림은 0.1M의 염산(HCl) 20mL에, 농도를 모르는 수산화나트륨(NaOH) 수용액 30mL를 혼합한 후에 나타난 이온들의 모형이다.
1. 혼합한 후의 용액은 산성인가, 염기성인가?
2. 수산화나트륨의 농도는 얼마인가?
3. 혼합한 후에 생성되는 물의 양은 몇 몰인가?

● Cl^- △ Na^+

〈해설 1〉 염기성
이 문제는 구경꾼이온의 개념과 몰농도의 개념을 묻는 것으로 다음과 같은 단계로 접근하면 된다.

1단계: 먼저 위 문제의 화학반응식을 쓰고, 구경꾼이온이 무슨 이온인지 확인한다.

즉 반응식은 중화반응인 HCl + NaOH(aq) = NaCl + H_2O이고, 여기서 구경꾼이온은 Cl^-과 Na^+ 이온 두 가지이다.

2단계: 모형 개수를 몰수로 생각한다.

3단계: 따라서 Cl^- 이 2개이므로, 혼합 전에는 Cl^- 이온이 0.1M × 20mL/1000mL이 2개 있었다고 판단되며, ●한 개는 0.001몰이다. 그리고 H^+도 같은 수이다.

4단계: 모형도에 H + 이온이 없으므로, H + 는 첨가한 NaOH 용액으로 모두 중화되었음을 알 수 있다.

5단계: 구경꾼이온 Na^+가 0.001몰 남았으므로, 혼합 전의 NaOH 양은 0.003몰이며, 중화에 필요한 0.002몰을 초과하였음을 알 수 있다. 따라서 혼합후의 용액은 염기성을 갖는다.

〈해설 2〉 0.1몰

이 문제는 Na + 이온 3몰을 혼합한 것으로부터 으로 시작해야 한다. 즉 30mL의 NaOH 용액이 0.003몰의 Na + 을 갖기 위해서는 그 농도가 얼마가 되어야할까? 하는 문제가 된다. 따라서 (0.003몰/30mL) × (1000mL/1L) = 0.1몰

〈해설 3〉 0.002몰

이 문제는 산과 염기가 반응하면 염(여기서는 물)이 생성되는 반응식으로부터, 물의 양은 Cl^-의 양과 같기 때문에, 위 그림에서 에서 Cl^-은 2개이므로 물의 양은 0.002몰이다.

반쪽반응(half-reaction)을 이용하여 계수 맞추기

두 번째의 산화-환원 반응식의 계수를 맞추는 방법은 반쪽반응을 이용하는 것이다. 〈반쪽반응(half-reaction)〉이란 산화-환원 반응에서 일어나는 산화 또는 환원 중에서 단지 한 가지만을 나타내는 반응식이다. 반쪽반응 방법에서는 산환 또는 환원의 반쪽반응을 따로따로 쓴 후에 계수를 맞춘다. 그리고 난 후에 두 반응을 합쳐서 계수가 맞는 산화-환원 반응식을 만드는 방법이다. 과정은 다르지마는 그 결과는 산화수 변화를 이용한 방법과 결과는 같다.

황(S)은 여러 가지 산화수를 가진 원소이다. 이산화황을 질산 수용액으로 황을 산화시키는 것은 반쪽반응 방법을 이용하여 계수를 맞출 수 있는 산화-환원 반응의 한 예이다. 그 절차가 아래에 설명되어 있다.

$$S(s) + HNO_3(aq) \longrightarrow SO_2(g) + NO_2(g) + H_2O(l) \text{ (계수 안 맞음)}$$

1단계: 이온 형태로 계수가 안 맞은 반응식을 쓴다. 이 경우에는 HNO_3만이 이온화되었다. 생성물들은 공유결합 화합물들이다.

$$S(s) + H^+(aq) + NO_3^-(aq) \longrightarrow SO_2(g) + NO(g) + H_2O(l)$$

2단계: 산화와 환원 과정에 대한 반쪽반응을 각각 쓴다. 이 반응에서 황의 산화수는 0에서 +4로 증가하였으므로 산화되었다. 질소는 산화수가 +5에서 +2로 감소하였으므로 환원되었다.

$$\begin{array}{cc} 0 & +4 \end{array}$$

산화 반쪽반응: $\quad S(s) \longrightarrow SO_2(g)$

$$\begin{array}{cc} +5 & +2 \end{array}$$

환원 반쪽반응: $\quad NO_3^-(aq) \longrightarrow NO_2(g)$

H^+와 H_2O는 산화나 환원 어느 것도 되지 않았기 때문에 반쪽반응에는 포함되지 않았다. 그러나 그것들은 반쪽반응의 계수를 맞추는 데는 사용될 것이다.

3단계: 반쪽반응에서 계수를 맞춘다.

a. 산화 반쪽반응의 계수를 맞춘다. 황은 이미 계수가 맞추어져 있지만, 산소는 그렇지 않다. 이 반응은 산성 용액에서 일어난다. 그래서 H_2O와 $H^+(aq)$가 존재하고 필요하다면 산소와 수소의 계수를 맞추는 데 이용한다. 만일 이 반응이 염기성 용액에서 일어난다면, H_2O와 OH^-가 이들의 계수를 맞추는데 이용한다. 반쪽반응에서 산소의 계수를 맞추기 위해서 왼쪽에 H_2O 두 분자를 추가한다.

$$2H_2O(l) + S(s) \longrightarrow SO_2(g)$$

이제 산소의 계수는 맞추어 졌다. 그러나 왼쪽의 수소 계수를 맞추기 위해 4개의 수소이온(H +)을 오른쪽에 더해야 한다.

$$2H_2O(l) + S(s) \longrightarrow SO_2(g) + 4H^+(aq)$$

이 반쪽반응은 이제 원소에 대하여 계수가 맞추어졌다. 그러나 전하에 대해서는 계수가 맞추어지지 못했다. 전하는 4단계에서 계수가 맞추어질 것이다.

b. 환원 반쪽반응의 계수를 맞춘다. 질소는 이미 계수가 맞아 있다. 산소의 계수를 맞추기 위하여 오른쪽에 물 2분자를 더한다.

$$NO_3^-(aq) \longrightarrow NO(g) + 2H_2O(l)$$

이제 산소는 계수가 맞추어졌다. 그러나 수소의 계수를 맞추기 위하여는 4개의 수소이온(4H$^+$)을 왼쪽에 더해야 한다.

$$4H^+(aq) + NO_3^-(aq) \longrightarrow NO(g) + 2H_2O(l)$$

그러면 이제 반쪽반응의 원자들에 대해서는 계수가 맞추어졌다.

4단계: 전하의 계수를 맞추기 위하여 각각의 반쪽반응에 충분한 전자를 더한다. 반쪽반응 어느 것도 전하에 대해 계수가 맞춰지지 않은 것에 주목하자. 산화 반쪽반응에서는 오른쪽에 4개의 전자가 필요하다.

• 산화: $2H_2O(l) + S(s) \longrightarrow SO_2(g) + 4H^+(aq) + 4e^-$

환원 반쪽반응에서는 왼쪽에 3개의 전자가 필요하다.

- 환원: $4H^+(aq) + NO_3(aq) + 3e \rightleftharpoons NO(g) + 2H_2O(l)$

이제 각각의 반쪽반응은 원자와 전하에 대해서 모두 계수가 맞추어졌다.

5단계: 두 반쪽반응의 전자수가 같게 되도록 적당한 숫자를 각 반쪽반응에 곱한다. 산화로 잃은 전자의 수는 환원으로 얻은 전자의 수와 같아야만 한다. 이 경우에는 산화 반쪽반응에는 3을 곱하고, 환원 반쪽반응에는 4를 곱한다. 따라서 산화로 잃은 전자의 수와 환원으로 잃은 전자의 수는 모두 12이다.

- 산화: $6H_2O(l) + 3S(s) \longrightarrow 3SO_2(g) + 12H^+(aq) + 12e^-$
- 환원: $16H^+(aq) + 4NO_3(aq) + 12e^- \longrightarrow 4NO(g) + 8H_2O(l)$

6단계: 전체 반응을 나타내기 위해서 계수가 맞춰진 두 반쪽반응을 더한다.

$$6H_2O(l) + 3S(s) + 16H^+(aq) + 4NO_3^-(aq) + 12e \longrightarrow$$
$$3SO_2(g) + 12H^+(aq) + 12e^- + 4NO(g) + 8H_2O(l)$$

그다음으로 반응식의 양쪽에 같이 나타나는 항목은 계수를 계산해서 최종적으로 반응식을 완성한다.

$$3S(s) + 4H^+(aq) + 4NO_3^-(aq) \longrightarrow 3SO(g) + 4NO(g) + 2H_2O(l)$$

7단계: 구경꾼이온(spectator ion)을 더하고 반응식의 계수를 맞춘다.

구경꾼이온은 존재하지만 반응에는 참가하지 않거나 또는 변하지 않는다는 것을 기억하자. 이 예로 든 반응에서는 반응물의 어떤 이온도 생성물에 나타나지 않기 때문에 구경꾼이온은 없다. 이와 같이 계수가 맞춰진 반응식은 틀림 없게 된다. 다만 HNO_3는 이온화되지 않은 형태로 나타내야 한다. 즉,

$$3S(s) + 4HNO_3(aq) \longrightarrow 3SO_2(g) + 4NO_2(g) + 2H_2O(l)$$

예제 11

금속 A가 녹아 있는 수용액에 금속 B와 금속 C를 차례로 넣었을 때, 그 수용액 속의 양이온이 다음 그림과 같은 모형으로 얻어졌다면 (1) 산화제는 어느 것인가 (2) A, B, C의 상대적 반응성을 큰 순서대로 비교해서 말하고 (3) 각 금속의 산화수를 말하라.

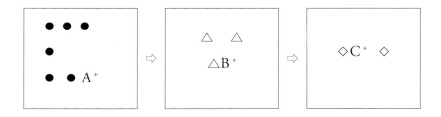

〈해설 1〉

A 이온이 녹아 있는 수용액에, B 금속을 넣었더니 A 이온은 없어지고, B^+만 남았으므로 다음과 같은 산화-환원 반응이 일어난 것을 예상할 수 있다. 즉 $A^+ + B = A + B^+$와 같이 나타낼 수 있다. 따라서 A^+는 A 금속으로 환원되었으므로, A는 산화제이다.

〈해설 2〉

A^+가 석출되고, B 금속은 이온으로 녹아들어 갔으므로, 위의 산화-환원 반응식에서 반응성이 더 큰 금속이 이온으로 산화된다. 따라서 B가 A보다 반응성이 더 크다. 마찬가지 논리로 C가 B보다 반응성이 더 크다고 말할 수 있다. 즉 반응성이 큰 순서는 C 〉 B 〉 A이다.

〈해설 3〉

산화된 이온 수와 환원된 이온 수는 같아야 한다. 즉 위 보기 그림에서 6개의 A^+가 없어지고, 3개의 B^+가 나타났으므로, 다음과 같은 이온 반응식을 쓸 수 있다. 즉 $6A^{1+} + B^o = 3B^{+m} + A^o$와 같이 쓸 수 있다. 따라서 B의 산화수 m은 +2이다. 마찬가지 논리로 C의 산화수는 +3이 얻어진다.

1. 고전적 의미의 산화란 무엇인가? 예를 2가지 말해보라.

2. 모든 산화는 산소를 소모하는가? 그렇지 않은 예를 말해보라.

3. 산화와 환원의 현대적 정의를 말해보라.

4. 산화와 환원은 왜 동시에 일어나는가를 산화철이 코크스로 환원되는 반응을 예로 하여 설명해 보라.

5. 산화-환원 반응(레독스 반응)이란 무엇을 말하는가?

6. 산화-환원 반응에서 전자의 이동을 설명해보라.

7. Mg와 S가 반응하여 MgS를 만들 때, 이온결합을 하게 되는데, 이 결합을 산화-환원 반응으로 설명해보라.

8. 수소와 산소가 결합하여 물이 되는 공유결합은 왜 산화-환원 반응인가 설명해보라.

9. 산화수는 어떻게 결정하는가를 말해보라.

10. 산화제와 환원제란 무엇인가 말해보라.

11. 산화와 환원을 산화수의 변화로 정의해보라.

12. 질산은($AgNO_3$) 수용액에 구리(Cu) 줄을 넣으면, 그 구리줄이 은(Ag)으로 도금이 된다고 한다. 이 현상을 (1) 화학 반응식으로 쓰고, (2) 어느 것이 산화되고, 어느 것이 환원되었나를 산화수의 변화로 설명하고, (3) 산화제와 환원제는 각각 무엇인지 말하라.

13. 부식의 정의를 말해보라.

14. 철이 공기 중보다 물에서 더 부식이 잘되는 이유를 설명해보라.

15. 어떤 금속 산화물에서 산화와 환원이 일어나면, 그 산화물의 색깔이 변하는 이유를 말해보라.

16. 스텐레스 강이 녹이 슬지 않는 원리를 설명해보라.

Ⅳ-4 화학반응에서 열의 이동

포텐샬 에너지는 어떻게 변환되는가?

에너지 변환은 일 또는 열의 이동으로 나타난다

에너지 변화가 일어나는 방법에는 어떤 것이 있나? 에너지는 일(work)을 하거나 열을 공급하는 능력이다. 물질과는 다르게 에너지는 질량이나 부피를 갖고 있지 않다. 에너지는 그 효과만으로 알 수 있다. 예를 들어 자동차는 연료로 공급된 에너지 때문에 움직인다. 열화학은 화학반응의 과정이나 상태의 변화에 의해서 생기는 에너지 변화를 공부하는 것이다. 모든 물질은 그 안에 일정량의 에너지가 축적되어 있다. 즉 어떤 물질의 화학결합에 축적된 에너지는 〈화학 포텐샬 에너지(chemical potential energy)〉라고 한다. 원자의 종류와 원자의 배열이 그 물질의 축적된 에너지를 결정한다.

화학반응 중에 한 물질은 다른 형태의 포텐샬 에너지를 갖는 다른 물질로 변환된다. 아래 그림과 같이 휘발유를 사는 것은 실제로는 그것에 축적된 에너지를 사는 것이다. 휘발유를 자동차의 엔진에서 폭발시키면 그 포텐셜 에너지는 유용한 일로 변환되고, 그것이 자동차를 나아가게 한다. 그러나 동시에 열이 발생되어 엔진은 매우 뜨거워진다. 에너지 변화는 열의 이동이나 일 또는 이 두 가지의 조합으로 일어난다.

q로 나타내는 〈열〉은 두 물체 간의 온도의 차이 때문에 한 물체로부터 다른 물체로 이동하는 에너지이다. 어떤 물체에 열을 가하면 일어나는 한 가지 효과는 그 물체의 온도 증가이다. 열은 자연적으로 따듯한 물체로부터 찬 물체로 흐른다. 만일 두 물체가 접촉하고 있다면, 열은 따듯한 물체로부터 찬 물체로 두 물체가 같은 온도가 될 때까지 흐른다.

그리고 아래 그림에 나타난 모든 연료의 화학포텐샬 에너지는 분자들 간의 결합에 축적되어 있다. 그 예로 휘발유, 부탄가스 등이 연소할 때 나오는 에너지도 그 탄화수소 분자들의 결합 속에 들어 있는 것이다.

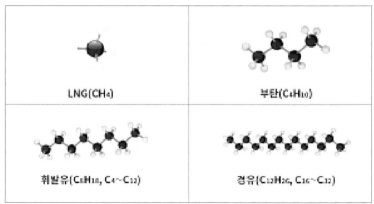

LNG(CH_4)

부탄(C_4H_{10})

휘발유(C_8H_{18}, C_4~C_{12})

경유($C_{12}H_{26}$, C_{16}~C_{12})

시스템과 주변이란 무슨 뜻인가?

화학 공정 또는 물리적 공정 중에 우주의 에너지에는 무슨 일이 일어나는가? 화학반응과 물리적 변화에서는 보통 열의 흡수나 방출을 수반한다. 에너지 변화를 공부할 때는 〈시스템(system)〉을 정의하는데, 이것은 관심을 갖고 집중하는 우주의 일부분을 말한다. 시스템을 제외한 다른 모든 것은 주위 또는 〈주변(surrounding)〉이라고 한다. 열화학적 시스템에서는 이 시스템의 바로 가까운 영역을 주변으로 간주한다. 따라서 시스템과 그 주위는 〈우주(universe)〉를 구성한다.

열화학의 주요 목표는 이 시스템과 주변 사이에 열의 흐름을 조사하는 것이다. 에너지보존 법칙은 어떤 화학적 또는 물리적 공정에서 에너지는 생성되거나 파괴되지 않는다고 말하고 있다. 어떤 화학적 공정이나 물리적 공정 중에는 그 우주의 에너지는 변하지 않고 그대로다. 다시 말하면 만일 그 공정 중에 시스템의 에너지가 증가하면, 주변의 에너지는 같은 양만큼 감소하여야 한다. 같은 논리로 만일 어떤 공정 중에 시스템의 에너지가 감소하면, 주변의 에너지는 같은 양 만큼 증가한다.

흡열 반응은 양, 발열 반응은 음으로 나타낸다

열화학적 계산에서는 열 흐름의 방향을 시스템의 관점에서 본다. 즉 '흡열 공정'에서는 열은 주위로부터 흡수된다. 흡열 공정에서는 주위이 열을 잃음에 따라, 시스템은 열을 얻는다. 아래 그림 왼쪽에서 시스템(몸)은 주위(불)으로부터 열을 얻는 것이 나타나 있다. 주위로부터 시스템으로의 열의 흐름을 양으로 정의하고, q는 양(+)의 값을 갖는다. 〈발열 반응〉은 열을 그 주위로 방출하는 반응이다. 발열 공정에서는 주위의 열을 얻음에 따라, 시스템은 열을 잃는다.

아래 그림의 오른쪽에서 시스템(몸)은 열을 주위(피부의 땀과 공기)에 잃는다. 시스템으로부터 주위로의 열의 흐름을 음으로 정의하고, q는 음(-)의 값을 갖는다. 아래 그림의 왼쪽은 반대의 경우로 주위(벽난로)로부터 시스템(몸)으로 열이 흐르기 때문에, q는 양(+)의 값을 갖는다.

열 흐름을 측정하는 단위는 칼로리 또는 줄이다

열 흐름의 양을 나타내기 위해서는 온도를 나타내는 것과는 다른 단위가 필요하다. 열 흐름은 두 가지의 단위, 칼로리(calorie)와 줄(joule)로 측정한다. 아마도 어떤 사람이 운동을 하면서 "칼로리를 태우기 위해서"라고 하는 말을 들어보았을 것이다. 당신의 몸은 운동 중에 당과 지방을 분해해서 열을 방출한다. 여러분의 몸 안에서 당과 지방을 태우는 실제의 불은 없지만, 화학 반응이 같은 결과를 만들어낸다. 예를 들어 당을 10g 분해하면, 여러분의 몸은 10g의 당을 불에 완전히 태울 때 방출하는 열과 같은 양의 열을 방출한다.

칼로리(cal)는 1g의 순수한 물의 온도를 1℃ 올리는 데 필요한 열의 양으로 정의한다. 칼로리란 단어는 음식물에 들어 있는 에너지를 말할 때를 제외하고는 소문자 c로 쓴다. 다이어트 칼로리는 대문자 C로 쓰며, 항상 음식물에 포함된 에너지를 말한다. 1 다이어트 칼로리는 1킬로칼로리 또는 1000칼로리와 같다.

$$1Calorie = 1킬로칼로리 = 1,000칼로리$$

줄(J)은 에너지의 국제단위(SI)다. 1 줄의 열은 순수한 물 1g의 온도를 0.239℃ 올린다. 줄과 칼로리를 다음 식으로 변환할 수 있다.

$$1J = 0.2390cal \qquad 4.184J = 1cal$$

열용량과 비열은 다르다

어떤 물체의 비열은 무엇에 의존하나? 어떤 물체의 온도를 정확하게 1℃ 올리는 데 필요한 열의 양이 그 물체의 〈열용량(heat capacity)〉이다. 어떤 물체의 열용량은 그 물체의 질량과 화학조성에 의존한다. 즉 물체의 질량이 크면 클수록 그 열용량도 커지고, 물질에 따라 비열이 다르기 때문에 열용량도 다르게 된다.

예를 들어 아래 그림에 나타낸 바와 같이 여름철에 금속으로 된 손목시계가 따뜻해지는 것을 느꼈을 것이다. 그것은 같은 기온이라도 비행기의 온도를 1℃ 올리는 데 필요한 열보다, 금속으로 만든 작은 손목시계의 온도를 1℃ 올리는 데는 훨씬 적은 열만이 필요하기 때문이다. 물론 비행기의 재료와 손목시계의 재료에도 상관이 있지만, 더 중요한 요인은 비행기의 질량이 훨씬 크기 때문이다.

그러나 비록 같은 질량을 가졌어도 물질이 다르면 그 열용량은 다르다. 화창한 날에 20kg의 진흙탕 물은 시원하지만, 근처의 철로 만들어진 20kg의 하수구 뚜껑은 뜨거워서 못 만질 정도다. 이 예는 열용량이 물체의 온도에 얼마나 다르게 영향을 주는지 말해준다. 물과 철이 태양으로부터 같은 양의 복사열을 흡수한다고 가정해도, 같은 시간 동안에 물의 온도 변화는 철의 온도 변화보다 작다. 그 이유는 물의 열용량이 철의 열용량보다 크기 때문이다.

어떤 물질의 비열용량(specific heat capacity) 또는 간단히 비열(specific heat)은 그 물질 1g의 온도를 1℃ 올리는 데 필요한 열의 양이다. 아래의 표는 우리 주변의 여러 가지 물질의 비열을 보여준다. 이 표에서 보는 바와 같이 물은 다른 물질에 비해서 아주 높은 비열을 갖고 있다. 그리고 금속은 보통 낮은 비열을 갖고 있다. 즉 질량이 같을 때, 같은 양의 열은 작은 비열의 물체는 큰 비열의 물체보다 온도가 높이 올라간다. 따라서 물은 비열이 가장 크기 때문에 여름철에 만져도 시원하게 느껴지는 것이다.

물질	비열	
	J/kg℃	Kcal/kg℃
구리	387	0.0924
알루미늄	900	0.215
금	129	0.0308
은	234	0.056
철	448	0.107
유리	837	0.2
얼음	2090	0.5
화강암	860	0.21
알코올	2400	0.58
수은	140	0.033
물	4186	1
공기	1005	0.24

물의 큰 비열이 해양성 날씨의 원인이다

물이 그 온도를 높이려면 많은 열을 받아들이는 것처럼, 식을 때는 많은 열을 내놓는다. 호수나 바다의 물은 더운 날에는 공기로부터 열을 흡수하고, 추운 날에는 다시 그 열을 공기 중으로 방출한다. 아래 그림에서 보듯이 물의 이러한 성질이 해안 지역의 겨울 날씨가 온화한 이유다. 즉 바다는 열용량이 크기 때문에 여름에 태양으로 받은 열이 천천히 식어서, 겨울철에도 따뜻한 해양성 기후를 만든 것이다.

또 다른 예는 위의 그림에서 보듯이 새로 구워 나온 붕어빵은 그 속의 팥과 껍데기의 온도는 같다. 그러나 속은 대부분 물로 되어 있기 때문에 비열이 높아서 잘 식지 않는다. 따라서 붕어빵의 겉은 식었더라도 속은 아직 뜨겁다. 붕어빵 전체가 식으려면 속의 팥으로부터 많은 열이 방출되어야 한다. 따라서 붕어빵을 먹을 때는 이 방출되는 열에 혀가 데이지 않도록 주의를 해야 한다. 이와 같이 비열과 열용량은 우리 생활에 많은 영향을 끼치고 있다.

비열은 어떻게 계산하는가?

어떤 물질의 비열(C)를 계산하기 위해서는, 들어간 열량을 그 물질의 질량에 온도 변화량을 곱한 값으로 나누면 된다.

$$C = q/m \times \Delta T = 열(J 또는 cal)/질량(g) \times 온도 변화(℃)$$

위의 식에서 q는 열이고, m은 질량이다. 부호 ΔT는 온도의 변하를 나타낸다. T는 $\Delta T = T_i - T_f$로 계산하며, 여기서 T_i는 초기 온도이고 T_f는 최종 온도이다. 위 식과 표로부터 알 수 있듯이, 열은 줄이나 칼로리로 나타낼 수 있다. 따라서 비열의 단위는 J/(g℃) 또는 cal/(g℃)가 된다.

예제 12

100g의 M 원소의 온도가 25℃에서 50℃로 올라가는 데 1,000J의 열을 흡수하였다면, M의 비열은 얼마인가?

---

1. 이 문제는 $q = m \times C \times \Delta T$를 이용하면 되고, 이 식은 C(비열)의 개념으로부터 이해하여 기억해야한다.
2. 이 식으로부터 $C = q/m \times \Delta T$가 되고 이식에 주어진 조건을 넣으면 된다. 즉 C = 1,000J/ 100g × 25 = 0.40(J/g℃)이 된다.

열(엔탈피)의 변화는 어떻게 측정하는가?

열량 측정은 열량계로 한다

어떤 반응에서 엔탈피의 변화를 어떻게 측정할 수 있을까?

많은 화학반응 중에는 열이 흡수되거나 방출된다. 그리고 그 열은 〈열량측정법〉으로 측정할 수 있다. 열량측정법이란 화학적 또는 물리적 시스템에서 들어오거나 나가는 열을 측정하는 것을 말한다. 열량측정법에서는 흡열반응이 일어날 때, 시스템으로 흡수되는 열은 주위로 방출되는 열과 같다. 반대로 발열반응에서는 시스템으로부터 방출되는 열은 주위에 흡수되는 열과 같다. 이와 같이 화학적 또는 물리적 공정에서 흡수되거나 방출되는 열을 측정하기 위한 장치는 〈열용량계〉라고 부른다.

일정-압력 열용량계로 어떻게 엔탈피 변화를 측정하나?

간단한 열용량계로는 열의 교환이 잘 일어나지 않는 단열용기가 사용된다. 많은 화학반응에서의 열 흐름은 아래 그림과 같이 일정압력 열용량계로 측정된다. 그리고 실험실에서 행하는 대부분의 화학적 또는 물리적 반응은 일정 압력에서 일어나기 때문에 어떤 시스템의 엔탈피(enthlpy, H)는 일정 압력에서의 열의 흐름을 말한다.

일정한 압력에서 흡수되거나 방출되는 열은 ΔH로 표시되는 엔탈피의 변화와 같은 것이다. 즉 어떤 반응의 ΔH는 일정한 압력하에서 그 반응의 열흐름을 측정함으로써 얻어진다. 이 책에서는 〈열〉과 〈엔탈피 변화〉는 같은 의미로 쓰인다. 왜냐하면 반응들은 일정한 압력에서 일어나기 때문이다. 즉 $q = \Delta H$이다.

아래 그림과 같은 간단한 〈일정-압력 열용량계〉로 어떤 수용액에서의 반응 엔탈피의 변화를 측정할 수 있다. 즉 (1) 반응하는 화학물질(시스템)을 미리 부피를 측정한 물(주위)에 용해시킨다. 그리고 (2) 그 용액의 초기 온도를 측정하고, 그 용액을 단열용기에서 젓개로 교반한다. (3) 반응이 완료되면 용액의 최종 온도를 측정한다. 그리고 실험으로부터 얻은 데이터(ΔT)와 물의 질량(미리 측정한 물의 부피), 물의 비열을 아래 식에 대입하면 주위로부터 흡수되거나 방출된 열(q)을 계산할 수 있다.

$$q_{surr} = m \times C \times \Delta T$$

위 식에서 m은 물의 질량, C는 물의 비열 그리고 $\Delta T = T_f - T_i$이다.

주위가 흡수한 열은 시스템이 방출한 열과 그 양은 같으나 부호가 반대이다. 반대로 주위로부터 방출된 열은 시스템에 의해서 흡수된 열과 양은 같지만 부호는 반대이다. 즉 아래 식과 같이 된다.

$$q_{sys} = \Delta H = -q_{surr} = -m \times C \times \Delta T$$

여기서 ΔH의 부호가 양이면 흡열반응이고, 음이면 발열반응이다.

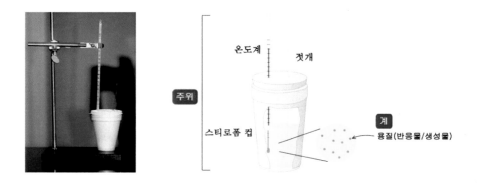

예제 13

단열용기 칼로리 메타 안에서 0.5 몰의 H_2SO_4를 포함한 50mL의 물에다 0.5몰의 NaOH를 포함한 50mL의 물을 25℃에서 첨가하였더니, 화학반응이 일어나면서 열의 교환이 생기며 온도가 35℃까지 올랐다. 이 반응에서의 열 변화 q, 즉 엔탈피 변화, ΔH를 구하라.

1. 이 문제도 $q = m \times C \times \Delta T$를 이용하면 된다. 그러나 주어진 조건을 알맞게 식에 넣어야 한다. 즉 m은 용액의 질량이므로 물의 비중 1.00g/mL를 써야 하고, C는 물의 비열, 4.18J/g℃ 또는 1.0cal/g℃를 사용해야 한다. 여기서 주의할 점은 m은 NaOH와 H_2SO_4를 포함한 전체 용액의 질량으로 계산해야한다. 즉 H_2SO_4의 질량 또는 NaOH의 질량이 아니라는 것이다. 그리고 위 본문에서 설명한 대로 용질은 시스템이 되고, 용액은 주위가 되며 온도가 올라갔으므로 발열반응이 된다. 따라서 답은 음의 값이되어야 한다.
2. 따라서 m = 50mL, C = 4.18, ΔT = 10℃의 조건을
   $\Delta H = -q_{surr} = -$ m(용액) $\times$ C(용액) $\times$ ΔT에 대입하면 된다.
3. 즉 $\Delta H = -(100g) \times (4.18 \ J/g℃) \times (10℃) = -4180(J)$이다.

1. 일반적으로 에너지란 무엇인가 말하고, 에너지는 질량과 부피는 없고 단지 무엇만이 나타내는 지 말해보라.

2. 화학 포텐샬 에너지란 무엇인가? 그리고 이 포텐샬 에너지는 무엇에 따라 달라지는가 말하라. 또 열(q)과는 어떤 차이가 있는지 말해보라.

3. 열은 무엇인가 말하고, 어떻게 그 효과가 나타나는가?

4. 시스템과 주위의 의미를 예를 들어 정의해보라.

5. 에너지 보존 법칙을 설명하라.

6. 흡열반응과 발열반응을 시스템과 주변에 대하여 그 관계를 설명해보라.

7. 열 흐름의 양은 무엇으로 나타내는가?

8. 1칼로리란 무엇인지 정의해보라.

9. 1cal는 몇 J인가?

10. 열용량이란 무엇인지 정의하고, 열용량에 영향을 주는 것은 무엇인가?

11. 열용량이 제일 큰 물질은 무엇이며, 이를 이용하여 바닷가에 해양성 기후가 나타나는 현상을 설명해보라.

12. 비열을 정의하고, 이 비열은 열용량계를 이용하여 어떻게 하는가를 구체적으로 설명하고, 이를 수식으로 나타내보라.

13. 엔탈피의 변화(ΔH)란 무엇인지 말하고, 엔탈피 변화는 흡열반응에서 음 또는 양 어느 것으로 정의하나?